国家出版基金项目
NATIONAL PUBLICATION FOUNDATION

中国中药资源大典
——中药材系列

中药材生产加工适宜技术丛书

中药材产业扶贫计划

浙贝母生产加工适宜技术

总 主 编 黄璐琦

主　　编 袁　强　张　婷

副 主 编 张春椿　李石清

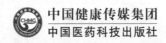
中国健康传媒集团
中国医药科技出版社

内 容 提 要

《中药材生产加工适宜技术丛书》以全国第四次中药资源普查工作为抓手，系统整理我国中药材栽培加工的传统及特色技术，旨在科学指导、普及中药材种植及产地加工，规范中药材种植产业。本书是一本关于浙贝母种植及产地初加工的技术手册，包括：概述、浙贝母药用资源、浙贝母栽培技术、浙贝母特色适宜技术、浙贝母药材质量评价、浙贝母现代研究与应用等内容。本书内容丰富资料详实，对浙贝母的种植及产地初加工具有较高的参考价值。适合中药种植户及中药材生产加工企业参考使用。

图书在版编目（CIP）数据

浙贝母生产加工适宜技术 / 袁强，张婷主编 . — 北京：中国医药科技出版社，2018.11

（中国中药资源大典 . 中药材系列 . 中药材生产加工适宜技术丛书）

ISBN 978-7-5214-0472-2

Ⅰ . ①浙… Ⅱ . ①袁… ②张… Ⅲ . ①浙贝母—栽培技术 ②浙贝母—中草药加工 Ⅳ . ① S567.23

中国版本图书馆 CIP 数据核字（2018）第 221589 号

美术编辑 陈君杞
版式设计 锋尚设计

出版　**中国健康传媒集团** | 中国医药科技出版社
地址　北京市海淀区文慧园北路甲 22 号
邮编　100082
电话　发行：010-62227427　邮购：010-62236938
网址　www.cmstp.com
规格　710×1000mm　¹/₁₆
印张　5 ³/₄
字数　51 千字
版次　2018 年 11 月第 1 版
印次　2018 年 11 月第 1 次印刷
印刷　北京盛通印刷股份有限公司
经销　全国各地新华书店
书号　ISBN 978-7-5214-0472-2
定价　29.00 元

中药材生产加工适宜技术丛书
—— 编委会 ——

本书编委会

主　　编　袁　强　张　婷

副 主 编　张春椿　李石清

编写人员　（按姓氏笔画排序）

朱菊红（浙江华润三九众益制药有限公司）

刘伟青（浙江华润三九众益制药有限公司）

李石清（浙江中医药大学）

张　婷（浙江中医药大学）

张水利（浙江中医药大学）

张春椿（浙江中医药大学）

陈发军（丽水市科学技术局生产力促进中心）

袁　强（浙江中医药大学）

梁泽华（浙江中医药大学）

序

我国是最早开始药用植物人工栽培的国家,中药材使用栽培历史悠久。目前,中药材生产技术较为成熟的品种有200余种。我国劳动人民在长期实践中积累了丰富的中药种植管理经验,形成了一系列实用、有特色的栽培加工方法。这些源于民间、简单实用的中药材生产加工适宜技术,被药农广泛接受。这些技术多为实践中的有效经验,经过长期实践,兼具经济性和可操作性,也带有鲜明的地方特色,是中药资源发展的宝贵财富和有力支撑。

基层中药材生产加工适宜技术也存在技术水平、操作规范、生产效果参差不齐问题,研究基础也较薄弱;受限于信息渠道相对闭塞,技术交流和推广不广泛,效率和效益也不很高。这些问题导致许多中药材生产加工技术只在较小范围内使用,不利于价值发挥,也不利于技术提升。因此,中药材生产加工适宜技术的收集、汇总工作显得更加重要,并且需要搭建沟通、传播平台,引入科研力量,结合现代科学技术手段,开展适宜技术研究论证与开发升级,在此基础上进行推广,使其优势技术得到充分的发挥与应用。

《中药材生产加工适宜技术》系列丛书正是在这样的背景下组织编撰的。该书以我院中药资源中心专家为主体,他们以中药资源动态监测信息和技术服

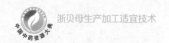

务体系的工作为基础，编写整理了百余种常用大宗中药材的生产加工适宜技术。全书从中药材的种植、采收、加工等方面进行介绍，指导中药材生产，旨在促进中药资源的可持续发展，提高中药资源利用效率，保护生物多样性和生态环境，推进生态文明建设。

丛书的出版有利于促进中药种植技术的提升，对改善中药材的生产方式，促进中药资源产业发展，促进中药材规范化种植，提升中药材质量具有指导意义。本书适合中药栽培专业学生及基层药农阅读，也希望编写组广泛听取吸纳药农宝贵经验，不断丰富技术内容。

书将付梓，先睹为悦，谨以上言，以斯充序。

中国中医科学院 院长

中 国 工 程 院 院 士 张伯礼

丁酉秋于东直门

总　前　言

中药材是中医药事业传承和发展的物质基础，是关系国计民生的战略性资源。中药材保护和发展得到了党中央、国务院的高度重视，一系列促进中药材发展的法律规划的颁布，如《中华人民共和国中医药法》的颁布，为野生资源保护和中药材规范化种植养殖提供了法律依据；《中医药发展战略规划纲要（2016—2030年）》提出推进"中药材规范化种植养殖"战略布局；《中药材保护和发展规划（2015—2020年）》对我国中药材资源保护和中药材产业发展进行了全面部署。

中药材生产和加工是中药产业发展的"第一关"，对保证中药供给和质量安全起着最为关键的作用。影响中药材质量的问题也最为复杂，存在种源、环境因子、种植技术、加工工艺等多个环节影响，是我国中医药管理的重点和难点。多数中药材规模化种植历史不超过30年，所积累的生产经验和研究资料严重不足。中药材科学种植还需要大量的研究和长期的实践。

中药材质量上存在特殊性，不能单纯考虑产量问题，不能简单复制农业经验。中药材生产必须强调道地药材，需要优良的品种遗传，特定的生态环境条件和适宜的栽培加工技术。为了推动中药材生产现代化，我与我的团队承担了农业部现代农业产业技术体系"中药材产业技术体系"建设任务。结合国家中医药管理局建立的全国中药资源动态监测体系，致力于收集、整理中药材生产加工适宜技术。这些适宜技术限于信息沟通渠道闭塞，并未能得到很好的推广和应用。

本丛书在第四次全国中药资源普查试点工作的基础下，历时三年，从药用资源分布、栽培技术、特色适宜技术、药材质量、现代应用与研究五个方面系统收集、整理了近百个品种全国范围内二十年来的生产加工适宜技术。这些适宜技术多源于基层，简单实用、被老百姓广泛接受，且经过长期实践、能够充分利用土地或其他资源。一些适宜技术尤其适用于经济欠发达的偏远地区和生态脆弱区的中药材栽培，这些地方农民收入来源较少，适宜技术推广有助于该地区实现精准扶贫。一些适宜技术提供了中药材生产的机械化解决方案，或者解决珍稀濒危资源繁育问题，为中药资源绿色可持续发展提供技术支持。

本套丛书以品种分册，参与编写的作者均为第四次全国中药资源普查中各省中药原料质量监测和技术服务中心的主任或一线专家、具有丰富种植经验的中药农业专家。在编写过程中，专家们查阅大量文献资料结合普查及自身经验，几经会议讨论，数易其稿。书稿完成后，我们又组织药用植物专家、农学家对书中所涉及植物分类检索表、农业病虫害及用药等内容进行审核确定，最终形成《中药材生产加工适宜技术》系列丛书。

在此，感谢各承担单位和审稿专家严谨、认真的工作，使得本套丛书最终付梓。希望本套丛书的出版，能对正在进行中药农业生产的地区及从业人员，有一些切实的参考价值；对规范和建立统一的中药材种植、采收、加工及检验的质量标准有一点实际的推动。

2017年11月24日

3

前　言

中药材是中医药文化的精髓，其独特的栽培及产地加工技术对药材品质形成起着决定性的作用。从选种、育苗、栽培、收获到加工成品，无不是当地人民数百年来的劳动智慧与自然环境的完美结合，因此，道地中药材的优良品质在很大程度上可以说就是"天、药、人合一的作品"。然而，中药材小规模农业生产的方式决定了不少栽培加工技术都是老百姓口传心授，并无明确的章法可循。由于中药材栽培加工技术不规范，致使中药材质量不稳定，严重阻碍了道地中药材的发展。而道地与非道地中药材之间，由于地域差异、经济文化差异，其栽培加工方式相去甚远，导致道地产区优良栽培加工技术无法推广应用。为贯彻落实《国务院关于扶持和促进中医药事业发展的若干意见》和《中医药标准化中长期发展规划纲要（2011—2020年）》提出的"全面推进中医药标准体系建设"的重要任务，进一步强化对中医药标准修订工作的指导意见，编著一套能够全面介绍中药材生产加工技术研究成果的丛书，对推动中药材规范化种植、从源头上保证中药材的产量及品质、确保人民用药安全具有重要意义。本书主要介绍浙贝母的生产加工适宜技术，在分析目前生产上存在问题和解决对策的基础上，结合最新科研成果和栽培加工实践经验，系统阐述了浙贝

母的药用植物资源、种植、加工、开发及药材学等内容，在突出适宜技术的基础上兼顾知识的系统性。章节内容包括植物学知识、药材学知识和农学知识。

全书共分六章，第一章为概述，简要介绍中药材浙贝母的相关概念和药材学知识；第二章为浙贝母药用资源，主要介绍其植株形态、生物学特征及生态适宜种植区；第三章和第四章为浙贝母的栽培技术和特色适宜技术，包括种子种苗培育、病虫害防治等内容；第五章和第六章为浙贝母药材质量评价和现代研究与应用，简述了浙贝母的药材学特点和药理作用，并对目前最新的科研成果进行了介绍。作者在编写过程中本着基本理论和生产实践相结合的原则，力求科学性、先进性和实用性。

感谢何琛晔、王科坪、陆思佳等在书稿整理过程中提供的帮助。

作者在编写本书过程中参考了大量论文和专著，主要参考文献选录书后，但由于参阅文献较多不能全部列入，在此对上述相关参考文献的编著者一并表示诚挚的谢意！

由于编者水平有限，书中疏漏之处在所难免，恳请读者不吝指正，以便再版时修改。

编者

2018年6月

目　录

第1章

概　述

浙贝母（*Fritillaria thunbergii* Miq.）俗名大贝母、象贝母，是一种百合科多年生草本植物；其以鳞茎入药，性寒、味苦，具有很高的药用价值，善于开泄，具有清热化痰、止咳、散结解毒、消肿消痈、开郁行滞、托里透脓、通乳之功，主治咳嗽痰多、肺痈、乳闭、乳痈、瘰疬、疮毒、喉痹、血证、疮疡肿毒、痈疽发背、杨梅结毒、妇科下焦诸症。现代研究也表明，浙贝母在镇咳祛痰、松弛平滑肌、降压、活血化瘀、溶石、抗溃疡、止泻、镇痛、抗菌、抗肿瘤等方面有突出的疗效。

浙贝母居"浙八味"之首，产于浙江、安徽、江苏等地，在浙江产量颇高；宁波象山为其原产地，现产地主要为东阳、磐安、鄞州、南通等。因《本草经集注》中提到其果"形似聚贝子"，故而将其命名为贝母。《宁波历史》记载："浙贝母于康熙年间由象山传入鄞县，在鄞县四明山麓樟村、鄞江桥一带大批量种植生产，故而改名为'浙贝'。"在临床应用中，浙贝母和川贝母较为多见，而伊贝母、平贝母、湖北贝母和皖贝母等也发挥着不可或缺的作用。

随着科学技术的发展，浙贝母质量的考量指标也在发生着变化。对于浙贝母的质量评价，传统方法主要以外观为依据，认为鳞叶肥厚、质坚实、粉性足、断面色白者最佳。而现代浙贝母的质量则是通过考量其有效成分来评价的，《中国药典》2015年版中记载浙贝母药材的定量指标为贝母素甲和贝母素乙，同时皂苷、多糖、贝母辛含量等也可作为浙贝母质量评价的考量指标。人们在长期种植过程中可发现浙贝母具有生长年限长、结实率低、繁殖系数低的特点，因此常选用鳞茎进行繁殖。然而长期进行无性繁殖却使得浙贝母的质量逐年降低，从而导致浙贝母的价格也一路走低。

和传统的中药材一样，浙贝母的收购价格随着市场行情波动较大。以浙贝母的传统主产地鄞州区为例，每公斤的收购价格由2003年的230元降至2009年的20元；到2014年又涨至150元，2018年稳定在每公斤60元左右。与此同时，有机肥料、种子和劳动力投入等生产成本却在逐年增加，药农们的收入较低。这些现象正严重威胁着浙贝母产业的传承和发展。

浙贝母市场销售价格波动大的现状不仅给当地种植户带来了巨大的冲击，还造成了供不应求的局面。为了打破这个局面，提高浙贝母药材的质量和产量，进一步提高浙贝母的栽培及产地加工技术，仍是今后研究的主要方向（图1–1）。

图1–1　浙贝母植株

第2章

浙贝母药用资源

一、形态特征及分类检索表

浙贝母为百合科植物浙贝母（*Fritillaria thunbergii* Miq.）的干燥鳞茎，别名浙贝、大贝、象贝、元宝贝、珠贝，是我国传统的大宗药材，被列为"浙八味"之首，历版《中国药典》均有收录。草本植物，茎高30～80cm。地下鳞茎通常扁球形，直径2～6cm，通常由2叶肥厚的鳞片对合而成，外表黄白色。茎直立，为圆柱形，光滑无毛，上部呈绿色，下部带紫色。茎下部叶对生或近对生，中部叶常3～5枚轮生，上部叶近对生至互生；叶片线状披针形、披针形或倒披针形，长6～15cm，宽0.5～1.5cm，下部叶片较宽，上部的渐变狭，先端下部的钝尖，中部以上的卷曲。总状花序有花3～9朵；花淡黄绿色；叶状苞片顶生的常3～4枚轮生，其余的常2枚簇生；花梗长1～2cm，下弯；花被片倒卵形或椭圆形，长2.5～2.8cm，宽约1cm，内面有紫色脉纹和斑点；雄蕊长约为花被片的2/5，花药近基着；柱头裂片长1.5～2mm。蒴果长2～2.2cm，宽约2.5cm，棱上的翅宽6～8mm，成熟时果实背裂。种子扁平，近半圆形，边缘具翅，淡棕色。花期3～4月，果期4～5月（图2-1、图2-2）。

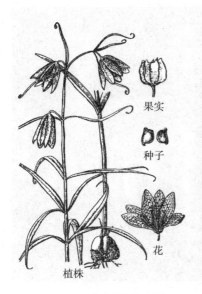

果实

种子

花

植株

图2-1　浙贝母植株墨线图

图2-2　浙贝母植株

　　本植株为鳞茎部分入药，药材称为"浙贝母"，性寒，味苦，含贝母素甲、贝母素乙等生物碱，多用于外感咳嗽。贝母花完整者呈钟形，有花被片6枚，花呈棕黄色，分两轮排列，花被片长倒卵形至卵圆形，长2～3cm，宽约1cm，具棕色脉纹；雄蕊6枚，于花被基部处着生；雌蕊1枚，子房上部着生，柱头3歧。花梗长1～2cm（图2-3）。鳞茎可根据外形分为两种，即元宝贝和珠贝。两种形态的浙贝母鳞茎特征比较见表2-1。元宝贝较为常见，是将鳞茎横切成厚约5mm的弯月形薄片。珠贝则一般为直接晒干出售。在药材选择上元宝贝一般要求其色白、无泥杂、无僵子、单成只；珠贝则要求无泥杂灰屑、无虫蛀痕迹。

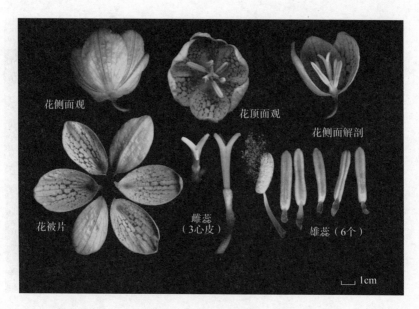

图2-3　浙贝母花解剖

表2-1　两种形态的浙贝母鳞茎特征比较

品种	元宝贝	珠贝
属性	鳞茎外的单瓣鳞片	未挖去心芽的小型整个鳞茎
形状	外方凸起，内面凹下，形似元宝状	扁圆球形
大小	高1.8～2.2cm，径3.3～3.8cm	高1～1.5cm，径2～3.5cm
表面特征	表面黄白色，略粗糙，具淡棕色的斑块，并附有白色粉末状的蛎壳灰残余，内表面淡棕色	表面污白色，外为向内方陷入的鳞片2～3片，鳞片肾形，中部的鳞片2～3片，皱缩，并有干缩的残茎，内表面淡黄白色

　　本种原产于浙江省北部，曾在杭州葛岭、临安青山见到有野生；长兴、安吉、德清、杭州、临安、余姚、鄞县、奉化、象山（习称"象贝"）、定海、普陀、东阳、磐安有栽培。江苏南部、安徽、湖南、湖北和四川等地也有栽培。

表2-2 贝母属植物分类检索表

1 叶片通常宽不逾1.5cm，中部以上的先端卷曲；花较小，花被片长2.5～2.8cm，

宽约1cm。

2 鳞茎通常扁球形，直径2～6cm；茎高30～80cm；总状花序有花3～9朵，花干

后花被片内面的紫色脉纹和斑点易褪色 ················· 浙贝母 *F. thunbergii*

2 鳞茎通常椭圆形或卵形，直径0.5～2cm，茎高15～30cm；总状花序有花1～3朵，

花干后花被片内面的紫色脉纹和斑点不易褪色 ···

··············· 东贝母 *F. thunbergii* var. *chekiangensis*

1 叶片通常宽逾1.5cm，先端不卷曲；花较大，花被片长4～5.5cm，宽约1.5cm。

3 花被片内面具淡紫色脉纹和斑点 ················· 天目贝母 *F. monantha*

3 花被片内面不具淡紫色脉纹和斑点 ···

··············· 铜陵黄花贝母 *F. monantha* var. *tonlingensis*

二、生物学特性

环境因素对浙贝母的生长发育和有效成分的积累起着非常大的作用，明确

浙贝母生长同自然条件的相关性、确定适宜生态环境区域以及提出科学合理的

栽培方案，对于获得高质量、高产量的浙贝母药材具有重要的意义。

浙贝母喜温湿，耐寒，怕高温和积水。一般认为影响药材生长的关键因素

主要有土壤、温度、水分和光照。现代研究表明，土壤肥力和连作的植物类型可以在一定程度上影响浙贝母的质量、产量及有效成分的生成（图2-4）。

图2-4　磐安浙贝母种植基地

1. 土壤

浙贝母生长发育对土壤要求较严，一般应选择土层深厚、疏松肥沃、富含腐殖质的砂质壤土。以"捏起来可揉成团，丢下去疏松散在"为度。在保水保肥能力差、有机质、无机盐和水分等易流失且土层浅薄、石砾较多的沙土上种植浙贝母药材时，易出现鳞茎膨大生长不良等问题。但若土壤黏度过高、石砾缺少则可能导致土壤板结，造成通气性差，从而导致植株根系缺氧以及吸收能力下降。当土层的深度在40cm以上时，浙贝母根系发育和鳞茎膨大才比较充分，若土层过浅，植株易生长不良，从而导致提早枯萎，降低产量。土壤的适宜pH为5～7，当pH＜2时，土壤呈酸性，植株将停止生长。此外，相关研究表明，除传统主产区

图2-5 浙贝母鳞茎及周围土壤

外，部分产区的土壤存在不同程度的重金属超标问题，而重金属砷、铅等元素对人体有严重的毒害作用。因此，在考虑土壤对浙贝母生长的影响时，也应将土壤中重金属元素的含量作为一个重要的指标（图2-5）。

2. 温度

浙贝母喜温暖湿润、雨量充沛的海洋性气候。当平均气温在17℃左右时，地上部茎叶生长迅速；超过20℃，地上部茎叶生长缓慢并随气温增加而逐渐枯萎；在高于30℃或低于4℃的环境中则停止生长。地下鳞茎于10～25℃时正常膨大，高于25℃时地下鳞茎进入休眠，低于−6℃时鳞茎易受冻损伤。浙贝母生长期仅3个半月左右。通过了解药用植物生长状态改变的温度要求，掌握浙贝母齐苗、现蕾、始花、始枯、枯萎期的温度变化等知识对获得高产、高品质的药材具有十分重要的作用。在实际种植培育的过程中，常可通过加盖遮阴网或大棚等措施来改变和维持浙贝母的培育温度（图2-6、图2-7）。

图2-6 加盖遮阴网的浙贝母   图2-7 大棚内种植的浙贝母

3. 水分

水作为细胞质的主要成分，参与了植物多个代谢反应的过程，也是植物转运和吸收物质的溶剂，还能通过蒸腾作用来调节植物自体温度。除此以外，水分在土壤中的作用还表现在增加大气湿度、改善土壤内及土壤表面的大气温度等方面。无论是在药材生长发育还是有效成分累积的过程中，水分都起着至关重要的作用。浙贝母喜湿润，但同时也怕积水。2月下旬至5月中下旬为鳞茎的膨大生长期，此时需水较多，若该时期缺水导致植株生长不良，将直接影响到鳞茎的膨大。整个生长过程中如果出现干旱的情况，会造成植株的枯萎期提前，若过于湿润或发生积水，则易使植株烂根。

4. 光照

光合作用是一系列复杂代谢反应的总和，是植物赖以生存的基础，也是地球碳氧循环的重要过程。如果光合产物合成过程中的环节发生障碍，轻则引起生长停止，重则导致机体发生突变或死亡。浙贝母生长于海拔较低的山丘荫蔽处或竹林下，但其对荫蔽环境的忍耐是有限度的，为在一定程度上维持浙贝母植株的正常生长，适宜的光照时间与强度必不可少。

5. 其他

根据浙贝母的生长习性，施肥可以分为基肥、冬肥、苗肥和花肥等。浙贝母属耐肥作物，对氮肥的需求量最大，对钾肥的需求量也较多，但对磷肥的需求量很少。另外土壤中的微生物和矿物质会由于连茬连作而出现枯竭现象，病虫害问题也会导致浙贝母连年种植时出现产量和质量下降的情况。因此，生产中应合理利用产地环境特点采用浙贝母药材

图2-8　大田种植的浙贝母

与其他植物交替种植的培育模式来缓解土壤资源枯竭的状况，改善产区经济效益（图2-8）。

三、地理分布

浙贝母主产区为浙江宁波鄞州区、金华磐安县以及江苏南通市。鄞州区为浙贝母的道地主产区，主要集中于章水镇，约有2000亩的规模，历史可追溯至

清代康熙年间。《宁波历史》中曾记载："清初象山一农民将野生贝母转植为家种，称为'象贝'，康熙年间传入鄞县樟村一带在鄞县多处大面积种植，改为'浙贝'。"

磐安产区约有12000多亩种植区，虽为20世纪70年代才引种，但发展状况很好，现在已经超过鄞州成为浙贝母主产区，磐安的中药材市场也已成为全国浙贝母的主要集散地。

1968年浙贝母被引入江苏南通种植，由于南通的气候条件较为适宜，所以其生产的种用鳞茎枯萎期比浙江产区推迟8～10日。研究和经验均证明推迟的枯萎期促进了营养物质的累积和次生代谢产物的合成，因此南通鳞茎种较浙江产区种产量明显增高。加之浙贝母逐步上升的市场需求，使南通逐渐成为浙江等地区的主要种源提供地以及浙贝母种用鳞茎最主要的生产地。南通目前以种用鳞茎的种植与销售为主，浙江磐安产区90%的种用鳞茎来自南通，而鄞州区20%的种用鳞茎也来自南通。浙江产区则是商品化浙贝母的主要生产地。

四、生态适宜分布区域与适宜种植区域

野生的浙贝母主产于江苏南部、浙江北部和湖南，在日本也有分布。但目前野生浙贝母较罕见，大部分药材均为栽培获得。

　　浙贝母产地主要分布于江苏、浙江、安徽、湖南、湖北等地，以浙江省为

主要种植区域（图2-9）。安徽、湖南等地在20世纪均有引种，但因气候条件原

因影响浙贝母产量，现在这些产地的种植面积已急剧缩小。

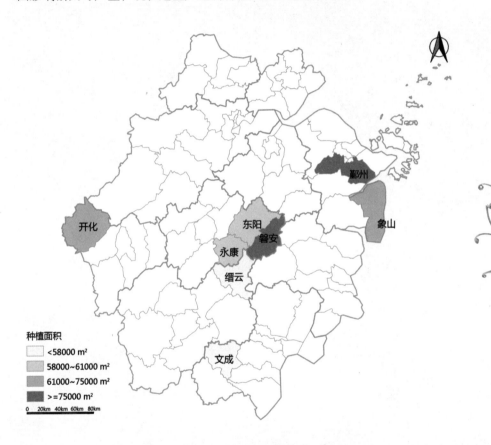

图2-9　浙江省浙贝母主栽培区分布图

第3章

浙贝母栽培技术

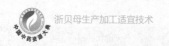

一、主要栽培品种

浙贝母的主要栽培品种可分为狭叶种、宽叶种和多籽种等，其性状上的差异见表3-1。

表3-1 浙贝母主要栽培品种性状比较

品种类型	主茎	二杆	叶	花	鳞茎
狭叶种	2株	2株	叶狭长，尖端有明显弯曲，深绿，叶背面有蜡质	花被片内侧稍有紫色网纹	鳞茎表皮黄白色，底部凹陷
宽叶种	2株	二杆较少	叶片较宽，尖端微弯曲，多为轮生，无蜡质	花被片内侧明显有深紫色网纹	鳞茎表皮乳白色或奶黄色，鳞茎多2枚，抱合较狭叶种紧
多籽种	多主茎，3株以上占80%	二杆多，约5～6株	类似于狭叶种	类似于狭叶种	鳞茎远小于其他两种浙贝母，多呈不正扁球形，鳞叶2枚，表皮黄白色

1. 浙贝1号

（1）特征特性 浙贝1号是狭叶型的一种。全生育期220～230天，株高50～70cm，主茎粗0.6～0.7cm，直立、圆柱形，有2杆之多。鳞茎表皮黄白色，呈扁球形，直径3～6cm，鳞片肥厚，多数为2片，少数为3片。叶片深绿，披针形，全缘，下部叶多对生或互生，中部叶多轮生。每株花有5～7朵，按总状排列，并呈倒钟状，颜色为淡黄色或黄绿色，花被6片，有棕色方格状斑纹；雄蕊6枚，子房3室，雌蕊柱头3裂。蒴果呈棕黄色，卵圆形，具有6枚宽翅，成熟时背裂；种子扁平，近圆形，折干率28%～30%。贝母素甲和贝母素乙的含量为0.107%，其含量高于2015年版《中国药典》规定标准。在田间表现为对灰霉病、黑斑病、腐烂病等抗性较强。浙贝1号繁殖系数1∶2左右。该品种植株性状优，丰产性好，品质佳，适应性广，适宜在浙江省浙贝母产区种植。

（2）产量表现　　在鄞州区做比较试验，干鳞茎产量6810kg/hm^2，比轮叶种增产6.9%；磐安县小区试验，平均产量4590kg/hm^2，比对照东贝增产48.9%；鄞州、磐安两地小区试验产量4388kg/hm^2，比对照东贝增产48.2%。2003～2005年大田产量为3765kg/hm^2。

（3）栽培要点

①播种：种植时间以9月中旬至10月下旬较好。

②栽种：选择疏松肥沃、排水良好、微酸性或近中性的砂质轻壤土种植，若土壤过酸，应适当加入石灰进行改良后再种植。繁重田应注意选择土壤透水性好的田块，黏性土壤不宜种植浙贝母。先深翻土25～30cm，把碎土耙平，作龟背形畦，畦宽120～150cm，沟宽20cm，沟深20cm左右。

③田间管理：及时摘花打顶、防治病害、苗期勤除草；注意浇水、雨季注意排水；施足底肥、早施提苗肥、重施封行肥、多施有机肥。

④适时采收：5～6月当地上茎叶枯萎后，需选晴天及时收获。清理田间杂草，用短柄二齿耙从畦边开挖，将二齿耙落在两行之间，边挖边拣，防止挖破地下鳞茎。

⑤适宜种植地区：浙江省地区。

2. 浙贝2号

（1）特征特性　浙贝2号也是狭叶型的一种，株高55cm，茎粗0.6cm，茎圆柱形，直立。主茎基部棕色或棕绿色，中部为棕绿过渡色，上部绿色。二杆比浙贝1号少，叶色呈淡绿，叶宽大于浙贝1号。枯萎前植株茎叶呈竹叶色，色泽淡于其他品种。地下鳞茎表皮乳白或奶黄色，呈扁圆形，直径3～6cm，单鳞茎0.026 kg。其鳞片肥厚，多为2片，包合紧，鳞茎完整，繁殖率为1∶（2～2.2）。总状花序，每株含有4～8朵花，呈淡黄或黄绿色。浙贝2号特征为喜温凉、湿润气候，怕渍水、炎热，生长适温为20～25℃。

（2）产量表现　2010～2012年在3个地点开展浙贝2号、浙贝1号和多籽种产量对比试验，按当时的鲜鳞茎日晒熏蒸结合加工法，折干33.33%计算。浙贝2号在各试验点的产量表现稳定，每亩折合产量平均为246.4 kg，比对照浙贝1号增产4.94%，比多籽种增产6.48%。

（3）栽培要点

①播种：种植时间以9月中旬至10月下旬较好。

②栽种：株行距0.2 m×0.2 m，沟宽0.3 m。在下种前每亩用复合肥25 kg作基肥，猪粪2500 kg作盖肥；2～3月中按苗肥、蕾肥、花肥、保秆肥的顺序，每亩分别用尿素1～3 kg、复合肥5～25 kg作追肥。

③田间管理：控制光照需求，要求温度适中，土壤富含有机质，在低山缓

坡中，加适宜水分，多施有机肥。

④适宜种植地区：鄞州地区以及区域条件类似地区。

二、种子种苗繁育

1. 育苗地的选择

应择向阳、温暖、稍干燥、土层深厚疏松，并含有腐殖质的砂质土壤，排水通畅的区域为宜。

2. 种茎选种

在寒露前5～10天选择晴天土壤干燥时进行采种，边挖边选，并选大小一致的扁圆形鳞茎。鳞片中有两瓣紧密合拢，选择没有病虫害和损伤的留作繁殖种子的种茎。选种时应注意不能使种茎破伤或两瓣分裂，以免损伤心芽，栽种时最好是当天挖当天种，可以减少损伤与不定根的死亡（表3-2）。如果当天不能下种，必须运回暂贮藏，在运输途中不宜装满，以免压伤心芽，到贮藏地后应立即摊于阴凉干燥的地方，不能搁置太久。不同产地浙贝母种茎的外观形态差异性不大，但在大小上稍有差别。

表3-2 不同地区浙贝母的播种期

地区	浙江	江苏	福建
播种期（秋播）	9月上旬	9月上旬至10月初	9月上旬至10月初

三、栽培技术

浙贝喜温暖湿润气候，适宜生长温度为4～30℃，过低或过高均处于休眠状态，并且土壤要求湿润的砂质壤土（含水量在80%），需排水良好、光照充足。浙贝比较耐寒，甚至能存活在北京寒冷的冬天。值得注意的是，黏土、干旱的地方不适合栽培。

1. 规范化种植基地的选择

选择河流、大溪、山脚两侧的冲积土为最好。土层需深厚，并富含腐殖质，砂质壤土，排水性良好，可与前茬作物如玉米、大豆、甘薯等作物轮作，但黏壤或轻砂土均不适宜。值得注意的是，种过浙贝母的地，不能连种超过3次，否则易得病害。把地选好后深翻18～20cm，耙细耙平，做成宽2m，高12～15cm的畦，畦沟深15～20cm，宽30cm左右。每亩施腐熟的厩肥和堆肥2500～5000 kg，均匀施入表土层（图3-1）。

图3-1 整地

2. 繁殖方法

（1）鳞茎繁殖 在9～10月上旬，将鳞茎从田里挖出来，再选种茎。目前，浙贝母主要种植品种为"浙贝2号"和"浙贝3号"，亦有简称"2号贝"、"3号贝"，浙贝2号是通过浙贝母变异株筛选和系统育种选育出的品种〔审定编号为：浙（非）审药2013001〕。该品种植株性状优，丰产性好，品质佳，浙江鄞州及类似地区适宜种植。"浙贝3号"是由浙贝母地方类型多籽贝母自身变异株经系统选育而成的新品种，据生产种植户讲述，该品种产量高，抗病性强。

对于种用鳞茎的选择标准是直径为3～5cm（0.5kg有16个左右），鳞瓣紧密抱合，芽头饱满，无损伤和病害。栽种时需要边挖边栽，其他号的贝母暂时在室内存放，厚度为5cm。将冬季套种的作物及时下种，并及时收挖，这样不影响浙贝母的生长，之后再栽商品田，可在10月末全部种完。

对于浙贝母的栽培，其株行距主要是根据种鳞茎的大小而决定的。需要注意在栽种时，要栽深一些，若栽得浅，鳞茎抱合不紧，易伤芽。深度宜在10～15cm，若种子大深一些，种子小则浅一些。对于商品用栽要浅一些，否则鳞茎长不大。按12cm的株距把种子均匀排在沟内，芽向上，栽到边上时要深一些，以免雨水冲刷露出来，需栽1行盖1行（图3-2）。

在新引种的地方，需准确

图3-2 鳞茎繁殖的浙贝母幼苗

地选择时间来栽培，当见到个别鳞茎在潮湿情况下根已伸出鳞片时，表明已到下种的季节。再从气温上看，当气温达到22～27℃时即可下种。2号种鳞茎每亩需400kg左右，3号贝做种每公顷需600kg左右。注意冬季防冻，可铺上稻草。

关于浙贝母的套种，从下种到出苗需要3～4个月时间，为充分利用土地和肥力，可套种蔬菜等，原则上必须冬至前收完，不影响给浙贝母施冬肥。4月份以后，浙贝行间套种甘薯、花生、大豆、西瓜、谷类、茄子等作物，5月中下旬，这些作物长起来之后，可见浙贝母地上部已枯萎，需要除去杂草等枯叶，让套种作物遮阴，使贝母休眠。9月份时挖栽浙贝母，套种作物也可收获。

（2）种子繁殖 种子繁殖可提高繁殖率，并节约大量的药材，但由于时间太长，目前绝大多数仍采用无性繁殖的方法。

3. 田间综合管理

（1）中耕除草、施肥 重点放在浙贝母未出土前和植株生长的前期进行。栽后半个月要浅除1次草，而且每隔半个月要进行1次，并和施肥结合起来。在施肥之前要除1次草，使土壤疏松，肥料易吸收。当苗高12～15cm时抽薹，继续每隔半个月除草1次，或见草就拔，种苗田在5月中旬需要耕1次。套种作物收获后，施冬肥很重要，用量要大。浙贝母地上部生长仅有3个月左右，肥料的需要期比较集中，仅是出苗后的追肥不能满足整个生长周期的需要，而冬肥能源源不断地供给养分，因此冬肥应以迟效性肥料为主。重施基肥，在畦面上开浅沟，每公顷施人粪尿15000kg于沟内，覆土，上面再盖厩肥、饼肥等混合发酵的肥料，再将其打碎、整平，以免妨碍出苗。若是商品田需再加化肥300kg，第二年2月苗齐后再浇苗肥，每公顷需施人粪尿11250～15000kg，用水稀释后浇于行间。摘花以后再施1次花肥，方法同上（图3-3）。

（2）灌溉、排水　浙贝母2～4月需水较多，如果这一段缺水植株生长不好，将直接影响鳞茎的膨大，进而影响产量，但整个生长期水分不能太多。由于北方春季干旱，需每周浇1次水，南方雨季时要注意排水（图3-4）。

图3-3　浙贝母施肥　　　　　　　图3-4　浙贝母田间灌溉渠

（3）摘花　为了使鳞茎营养充分，花期要摘花，不能摘得过早或过晚，在花长出2～3朵时采最为合适。

4. 病虫害综合防治技术

（1）灰霉病　灰霉病是一种由真菌引起的病害。发病后先在叶片上出现淡褐色的小点，然后扩大成椭圆形或不规则形斑块或斑点，边缘有明显的水渍状环，并不断扩大形成灰色大斑。当花被害后，干缩不能开花，花柄绞缢干缩，呈淡绿色；幼果被害呈暗绿色而干枯；较大果实被害后，在果皮及果翼上有深褐色小点，不断扩大，并逐渐干枯。被害部位在温湿度适宜的情况下，能长出灰色霉状物。一般发生在3月下旬～4月初，到4月中旬盛发，危害严重。该病以分生孢子在病株残体上越冬或产生菌核落入土中寄生，并成为第2年初次侵染的来源。

防治方法：

①收获后，及时清除被害植株和病叶，最好将其烧毁，以减少越冬病源。

②发病较严重的土地不再重茬。

③加强田间管理，合理施肥，增强浙贝母植株的抗病力。

④发病前，在3月下旬喷1：1：100的波尔多液，每7～10日喷1次，连续3～4次。

（2）黑斑病　黑斑病是由真菌引起的病害。发病从叶尖开始，叶色变淡，并出现水渍状褐色病斑，渐向叶基蔓延。有的因环境原因，不向叶基部深入发展而出现叶尖部分枯萎现象，病部与健部有明显界限，一般发生于3月下旬，直至地下部枯死。在清明前后春雨连绵时，受害较重。该病以菌丝及分生孢子在被害植株和病叶上越冬，第2年再次侵染危害。

防治方法同灰霉病。

（3）软腐病　软腐病是由病原细菌引起的病害。鳞茎受害部分开始为褐色水渍状，蔓延很快，受害后鳞茎变成"豆腐渣状"或黏滑的"鼻涕状"。当停止危害时，形成一个似虫咬过的空洞。腐烂部分和健康部分分界明显。鳞茎表皮常不受害，内部软腐干缩后，剩下空壳，腐烂后具有特别的酒酸味。

防治方法：

①选择健壮无病的鳞茎作种。

②选择排水良好的砂壤土种植，并创造良好的过夏条件。

③在下种前浸种，并配合使用各种杀菌剂和杀螨剂。如下种前用20%可湿性三氯杀螨矾800倍加80%敌敌畏乳剂2000倍再加40%克瘟散乳剂1000倍混合液浸种10～15分钟。此方法虽有一定效果，但有待继续试验，寻找更安全有效的药剂防治措施。

④防治螨、蛴螬等地下害虫，消灭传播媒介，防止病菌传播。

（4）干腐病　干腐病是真菌引起的病害。鳞茎基都受害后呈蜂窝状，鳞片被害后呈褐色皱褶状。这种鳞茎种下后，根部发育不良，植株早枯，新鳞茎很小。干腐病主要表现在受害鳞茎基部呈青黑色，鳞片内部腐烂形成黑斑空洞，或在鳞片上形成黑褐色、青色等大小不同的斑状空洞。有的鳞茎维管束受害，以致鳞片横切面可见褐色小点。

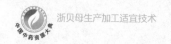

防治方法同软腐病。

（5）蛴螬　金龟子幼虫，又名"白蚕"，体呈白色，头部黄色或黄褐色。危害浙贝母鳞茎的主要是铜绿金龟子的幼虫。

铜绿金龟子成虫时体长1.8～2.1cm，呈铜绿色，边缘为土黄色。老熟的幼虫长2.3～2.5cm，头部黄褐色、胸腹乳白色、肛门一字形并呈一沟裂，前方中央有刚毛，四周也有许多排列不规则的刚毛。

蛴螬在4月中旬开始危害浙贝母鳞茎，在越夏期危害最盛，到11月中旬以后停止危害。被害的鳞茎呈麻点状或凹凸不平的空洞状，似老鼠啃过的甘薯一样，有时会把鳞茎碎。成虫在5月中旬出现，活动时间在傍晚，卵散产于较湿润的土中，喜欢在未腐熟的厩肥上产卵。

防治方法：

①冬季清除杂草，深翻土地，消灭越冬虫口。

②施用腐熟的厩肥、堆肥，并覆土盖肥，以减少成虫产卵。

③整地翻土时，拾取幼虫作鸡鸭饲料。

④可用点灯方法诱杀成虫金龟子。

⑤下种前半月每公顷施375～450kg石灰氮，撒于土面后翻入，以杀死幼虫。

⑥用90%晶体敌百虫1000～1500倍液浇注根部周围土壤。

⑦用土农药石蒜鳞茎进行防治，结合施肥，将石蒜鳞茎洗净捣碎，每50kg

粪肥加入3～4kg石蒜浸出液进行防治。

（6）豆芜青　又名"红豆娘"。主要为害大豆、花生等植物的叶片，也喜食浙贝母叶片。成虫喜群集危害，将叶片咬成缺刻、空洞或全部吃光，留下较粗的叶脉，严重时成片浙贝母被吃成光秆，会影响地下部鳞茎产量，但发生不普遍。

成虫体长1.1～1.9cm，全身呈灰黑色。头部除触角基部的1对瘤状突起和复眼及近复眼内侧处呈黑色外，其余都是红色。卵长0.25～0.3cm，近似圆筒形，黄褐色，卵块排列成菊花状。幼虫共6龄，第1龄幼虫形状比较特殊，头部大，有1对钳状的大颚，胸部有3对足，腹部有1对尾须，行动敏捷，其他各龄幼虫，形似蛴螬，头部淡褐色，胸、腹部黄白色，腹足退化，只有3对胸足。蛹近似纺锤形，头部贴在胸部腹面，已有成虫结构。

防治方法：

①利用成虫的群集性，及时用网捕捉，并集中杀死，但在捕捉时应注意豆芜青在受惊时会分泌一种黄色液体，能使人的皮肤中毒起泡，因此，不能直接用手捕捉。

②用90%晶体敌百虫0.5kg，加水750kg喷雾，或用40%乐果乳剂400～750kg喷雾。

（7）沟金针虫　土名叫"叩头虫"，是危害浙贝母的地下害虫之一。沟金

针虫身体扁平、革质、似针状、尾节分岔，并稍向上弯曲，身体背面中间有1条纵沟，故称沟金针虫。该虫在土中危害鳞茎，因此在鳞片上常见约0.2cm大小的穿洞。

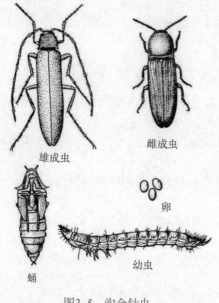

雌成虫

雄成虫

卵

蛹

幼虫

图3-5　沟金针虫

沟金针虫的生活史很长，完成一个世代要经过3年左右的时间，幼虫期最长。其活动范围受土壤温湿度影响很大，冬季气温降低时，它就钻到30cm以下甚至更深的土里越冬，春季上升活动和危害的时间比其他地下害虫早，一般早春10cm土温到6℃时，就开始上升活动（图3-5）。

防治方法：改变地下害虫的生活条件，将害虫翻出土面，让它们受天敌和自然环境的影响而死亡。在金针虫化蛹时，若将蛹室破坏，可使其大量死亡。

（8）葱螨　体积很小，成虫体长0.07cm左右，灰白色，有足4对，赤褐色，背面有2个近圆形点，经常群集寄生于鳞茎内，使鳞茎腐烂。葱螨从卵经幼虫到成虫，大约需要9～30日。温度在25℃左右时繁殖最快，每条成虫可产卵50～100粒，多的可在500粒以上。当温度在10℃以下或处于干燥的环境中时，能限制它的活动及繁殖。葱螨危害浙贝母鳞茎主要是在越夏期间，在下种后及收获前的一段时间内也能受到危害。被害的鳞茎呈凹洞或整个腐烂，但可见部分维管束残体，常与其他病害一起发生。

防治方法：

①贮藏的鳞茎在起土后适当摊放7～10日，使螨在干燥环境下死亡或离开鳞茎。贮藏前将腐烂或有螨的鳞茎剔出，贮藏期间湿度不能太大，还要适当翻动。

②下种前严格挑选种茎，把腐烂有螨的剔出。

③下种前结合防病，用杀螨杀虫剂与杀菌剂混合浸种。

四、采收与产地加工技术

1. 采收

作为商品的浙贝，5月中下旬在植株枯萎时选择晴天收获。从畦的一端采挖，不伤鳞茎，洗去鳞茎上的泥土，选大的鳞茎挖去心芽，加工成元宝贝；挖下的心芽可加工成贝芯；而较小的鳞茎不去心芽，整个加工为珠贝。三档商品中一般珠贝约占10%～15%，贝芯约占5%～10%，其他为元宝贝，这一比例随生长好坏的不同而变化。加工时边剥鳞片边挖心，同时进行分档。将较大的鳞茎选出，剥开鳞片并挖下贝芯，将其分别放置，只留下直径2cm以下的作为珠

图3-6 浙贝母的采收

贝。在进行分瓣挖心时应注意：重瓣的鳞片要分开，便于晒干；心芽不能挖得太大，以免影响产量和质量（图3-6）。

2. 产地加工技术

（1）去皮加石灰 去皮的方法是将鳞茎相互碰撞摩擦。去皮的目的在于能够使内部的水分容易挥发。加石灰的目的：可将鳞茎内部的水吸到外部来；有一定的防腐作用。去皮是在特制的木桶（当地称柴桶）中进行的，木桶长100cm，宽50cm，高25cm，形状似船。加工时将木桶悬于三脚木架上，把贝母装进桶内，每次可装20～25kg左右，然后由两人各在一边握住水桶来回推动，使贝母相互摩擦，经15～20分钟，见表皮大部分脱落、浆液渗出时放入石灰（用贝壳烧成的壳灰），每50kg鲜贝母加石灰1.5～2.5kg。石灰加好后，再继续推动撞击约15分钟，待贝母全部粘满石灰为止。当地大多数是上午起贝，下午去皮，并将贝母放入竹箩内过夜，使石灰渗入贝母内部，促使其干燥。近年来，去皮摩擦的方法已逐渐被电动机械所替代，木桶也适当增大，每次可放鲜鳞茎90kg，来回摩擦的时间也缩短到4～8分钟。

（2）晒干　加工后的浙贝母第2天放在阳光下晒，连晒3～4天后，用麻袋装起来，置于室内堆放1～3天，让内部的水分渗到表面来，再晒1～2天，就可以晒干。在晒干的过程中，需要每天用筛子（筛眼的孔径约0.5cm）将脱落的石灰及杂物等筛去。一般150～160kg可加工成干货50kg，若加工不好，则200kg才能加工成50kg干货。对于贝母干燥的标准是折断时松脆，断面白粉状，颜色一致，中心无玉色。当断面中心呈三色者，说明未干，需要再晒。加工期间，常常会遇到阴雨天气，而去皮的贝母一般只能放置1.5天左右，晒过1天的贝母也只能放置3天左右，如果不及时晒干，会导致贝母腐烂，从而造成损失。为此，加工前要注意查看天气预报；起土后要下雨就不加工，将带泥的贝母暂时放置。不去皮的鳞茎，可以放好几天而不腐烂，等天气好时再加工。放置时不要堆放太高，应在30cm以下，否则堆积发热。如果在去皮过程中天气转阴雨，碰撞时间要减短些，并适当多加一些石灰以加强防腐。浙贝在已经去皮情况下，遇到天气不好应马上摊开，放在通风之处，不要堆在一起。在连续阴雨的情况下，可用火烘干。烘的温度不可过猛，以不超过70℃为宜，并要及时翻动，否则会使贝母成为发硬的"僵子"而造成损失。如果没有烘灶等设备，也可搭临时性土烘灶，用木炭来烘，最好用探温烘干器来烘（图3-7）。

（a）冲洗   （b）晒干

（c）简易切片器   （d）切片

图3-7　浙贝母的加工

五、浙贝母组织培养技术

1. 外植体的消毒

对浙贝母外植体的最佳消毒处理方案进行研究，试验结果表明：取材部位为新鲜鳞茎鳞瓣切片，采用自来水冲洗→漂白粉饱和溶液浸泡15分钟再用无菌水冲洗3次→无菌水浸泡10～15分钟后处理的消毒效果最好（污染率为18％）。取材部位以新鲜鳞茎最佳，且取材必须在生长期间进行，地上生长期比地下生长期更好。对于消毒剂的选择，漂白粉饱和溶液对表面菌及皮层潜伏菌都比较有效且对材料的损伤相对较小；重金属类的消毒剂易残留在组织上，对材料的损伤较大。

2. 外植体的取材部位

外植体取材部位将直接影响其发生率，主要与鳞茎的活力有关，取材时间最好在生长期内。以新鳞茎最佳，其中又以新鳞茎鳞瓣切片和盘切片最佳，发生率为67.5%～82.5%；其次为失新鳞茎心芽和心芽苞片，发生率为47.5%～55.0%；而种鳞茎较差，地上各部位均不能作为组织培养材料。

3. 激素组合

合适的激素组合配比，可使小鳞茎打破休眠，直接进入新的营养生长期。试验结果表明：外源激素组合的浓度和种类均明显影响其培养结果，在浙贝母小鳞茎切片培养中，以MS+2, 4–D 2.0mg/L+NAA 1.0mg/L的效果最好。

4. 培养条件

研究在不同光暗条件和温度下对浙贝母种胚离体培养的影响，认为浙贝母种胚先暗培养一段时间再转为弱光培养萌发率较高，其中暗培养30天比15天好，在15℃、20℃萌发率分别为45.1%和19.7%，在5℃时最差。一般浙贝母种胚离体培养50～70天后长出愈伤组织。

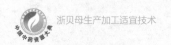

5. 浙贝母鳞片细胞休眠解除前后超微结构的变化

有研究发现，当浙贝母休眠解除后，鳞片近轴面表皮附近的几层细胞会首先降解。在其休眠解除前后，鳞片上细胞的超微结构发生了变化，并为其降解做好了准备。与休眠状态时的细胞相比，解除休眠后的细胞中颗粒和丝状物的数量明显增加，一些细胞中还出现了复杂的膜结构。线粒体的数目也增加，常聚集在细胞核和细胞壁旁，胞间连丝的直径也略有增加，还常能见到各类囊泡、多泡体与壁旁体，并且一些小囊泡正在进入细胞中。上述现象表明这两种时期的浙贝母细胞间都发生着物质和信息的交换。

6. 浙贝母的微型无性繁殖

目前微型无性繁殖的方法也开始运用于浙贝母的组织培养中。微型无性繁殖过程是从选择植物繁殖体开始，当分生组织灭菌后，置入能保障其生长和形成原始微型芽的培养基（矿质盐、维生素、水、碳水化合物、琼脂）中，然后进入微型芽的繁殖阶段，由此可获得大量的微型芽，再进行试管苗的生根和对土壤的适应。微型无性繁殖方法非常有利于浙贝母的快速繁殖和脱毒苗的获得，因此具有广泛的应用前景。

第4章

浙贝母特色
适宜技术

一、种子优化培育技术

浙贝母，俗称浙贝、象贝、东贝、大贝等，是百合科多年生草本植物，喜温凉气候，耐寒、怕高温，为中药"浙八味"之一。浙贝母在国内国际的需求量都很大，而且其经济效益比其他夏熟作物更为显著，因此在浙贝母生产过程中应通过适宜的技术操作来提高产量，从而提高其经济效益和社会效益。浙贝母优化高产栽培技术介绍如下：

1. 整地

浙贝母种子培育地对土壤的要求较为严格，可选择土层深厚、疏松肥沃、排灌方便、阳光充足的砂质土壤种植，过黏、过砂的土壤均不适宜栽培，其适宜生长的土壤pH值为5～7。土地选好后需要先深翻18～20cm，再耙细耙平，做成宽120cm、高12～15cm的畦，畦沟深20cm、宽20cm，并且还要保证畦四周排水沟畅通。每公顷土地需要施腐熟的栏肥1000～1500kg和25%三元复合肥30kg，均匀施入表土层，以满足浙贝母的营养需求（图4-1）。

图4-1　浙贝母整地与施肥

2. 种子选择和处理

（1）种子选择　目前浙贝母多用无性繁殖即鳞茎繁殖，一般选用2号贝作为种子田的种子，3号贝作为商品田的种子。如果2号贝不够可以用3号贝代替，加强培育管理、施肥，3号贝也能赶上2号贝的生长情况。浙贝母一般在9月底至10月中下旬播种，所以在此之前挖出自然越夏的鳞茎，选鳞瓣抱合紧密、芽头饱满、无损伤和病虫害、中等大小的鳞茎作为种子。

（2）种子处理　为了减少病虫害的发生，播种前用70%甲基托布津可湿性粉剂500倍液浸种0.5小时，晾干后播种。

3. 栽种

（1）播种期　浙贝母的播种时间为9月底至10月中下旬。播种过迟，会导致根系生长发育不良，植株矮小，影响产量。

（2）合理密植　浙贝母的种植密度主要视鳞茎大小而定。根据产区药农经验，种鳞茎直径5cm以上，一般采用行距23cm，株距20cm，即每亩1.2万～1.3万株；种鳞茎直径3～4cm，一般采用行距20cm，株距14～16cm，即每亩1.7万～1.9万株；种鳞茎直径2～3cm，一般采用行距17～20cm，株距14～15cm，即每亩2.0万株。按确定的行距在畦上开横沟，沟深约7～10cm，把种鳞茎按确定的株距摆放在沟里，顶芽朝上，根底部朝下，栽到畦边要栽深些，避免因畦边土壤散落或雨水冲刷而裸露出来，栽一行盖一行。栽种深度也主要视种鳞茎

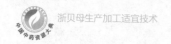

大小而定。一般种鳞茎大的应适当栽深些，小的可栽浅些。对一些小的或碎的鳞茎，可直接开沟条播，保持适当的距离，不必确定株行距。一般每亩需用种鳞茎200~250kg（图4-2）。

图4-2　浙贝母种植密度

4. 田间管理

（1）除草　在浙贝母出苗以前，每亩用10%草甘膦水剂900~1350ml，兑水30~45kg喷雾灭杀杂草。

（2）追肥　浙贝母的追肥分三次进行，按施用时期分为腊肥、苗肥和花肥。腊肥又称冬肥，一般在12月中下旬施用，是浙贝母追肥中最重要、施用量最大的1次。以迟效性农家肥为主，每亩用腐熟的栏肥、焦土灰等农家肥1500~2000kg，饼肥75~100kg，均撒施在畦面。苗肥在2月上中旬齐苗后施入，以速效氮肥为主，每亩施人畜粪水1000kg或尿素10kg，施后两三天，再施草木灰250~300kg。花肥在3月中下旬摘花打顶后施用，一般每亩施尿素5~7.5kg，以延迟茎叶枯萎倒苗期，促进鳞茎膨大。但花肥在施用时要视浙贝母长势而定，种植密度大、生长茂盛的田块氮肥不宜施入过多，否则会加重病害的发生。

（3）摘花打顶 为了能让鳞茎充分吸收养分且防止遇雨倒伏，花期要摘花。注意不能摘得过早或过晚，摘得过早，植株会继续开花，需要再一次重摘，浪费人力；摘得过晚，养分已被花消耗过多，会影响到鳞茎的生长。一般在3月中下旬，在植株顶部有一两朵花开放时，选择晴天露水干后，把顶端的花序摘去。

（4）水分管理 浙贝母对水分要求既不能太多，也不能太少，要保持适宜的土壤水分。在春季阴雨天气较多，应做好清沟排水工作，降低田间湿度，以减轻病害发生。但如遇干旱，应适当灌水抗旱。灌水只需浸湿畦土就可立即放排水，浸泡太久，易造成死苗。

5. 种子采收和管理

作为商品的浙贝母一般在5月上中旬，待植株地上部茎叶枯萎后，选择晴天采挖。作为种用的鳞茎一般采用原地越夏保种法，在9月底至10月上中旬采挖，边挖边种。将挖出的鳞茎洗净、去根、摊凉后，置熏具内用硫黄熏蒸。熏

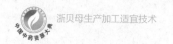

时，不能中途熄火断烟。一般熏蒸25~30小时即可熏透。每1000kg鲜鳞茎需硫黄3~4kg。熏后直接晒干或烘干，筛去杂质即为成品。折干率35%左右。

二、钢架大棚栽培技术

浙贝母在温和湿润、雨量充沛的海洋性气候区能够很好地生长，特别是在阳光充足、土壤肥沃、排灌良好的地方。浙贝母常用的两种栽培技术分别为：钢架大棚栽培技术和常规露天栽培技术。已有研究通过考察两种栽培技术分别对浙贝母产量、质量以及土壤养分的影响发现，在钢架大棚栽培下得到的浙贝母的产量、质量以及贝母素甲、乙总有效成分的含量显著提高。同时与传统常规露天栽培相比较，钢架大棚栽培技术除了冬季可以提高土温、减轻土壤酸化外，还可以有效地调控对浙贝母生长的水分供给。对于常受阴雨天气影响的地区，可避免其不适宜的天气状况对浙贝母产量的影响，保证药农的收益。但是采用钢架大棚技术栽培浙贝母后，土壤中的有机质、全氮的含量略微减少，有机磷的含量则明显降低。由此可知，钢架大棚栽培技术对磷的需求量高。

综上所述，钢架大棚栽培技术对浙贝母生长期间容易受到阴雨天气影响的地区有重要意义。该技术不仅可以避免阴雨天气给浙贝母生长带来的恶劣影响，还可以明显的提高浙贝母的质量和产量。但采用钢架大棚栽培技术时必须保证土壤肥沃，要适当地增加有机肥、氮肥特别是磷肥的施用量，方可使浙贝母更好地生长（图4-3）。

图4-3 浙贝母钢架大棚栽培

三、轮作栽培技术

同一种植物在同一块土地上连续种植，会导致病虫源在土壤中积累加重、土壤酸碱度失衡的情况，从而影响到植物的产量和质量。有研究表明，当浙贝母连作时，获得的浙贝母质量和产量明显降低，连茬连作地所产出的浙贝母相对于其他地块来说个头小、质量差、药用价值显著下降。若在种植过程中使用当地的成品贝留种，则会对浙贝母产生更大影响，不仅更容易受到病虫害的危害，还可以明显导致其种性退化。

为了减少浙贝母的病虫害现象，提高其产量和质量，我们可以采用浙贝母与禾本科作物轮作的技术。该技术不仅可以充分利用土地资源，还能够明显增加药农的收益。

轮作栽培技术的具体做法如下：浙贝母喜温暖湿润的海洋性气候，一般情况下其播种时间为9月底至10月中下旬，出苗时间为次年2月上中旬，开花时间为3月中下旬，枯萎时间为4月下旬，收获时间在5月上中旬。在实行浙贝母与禾本科作物轮作技术时，我们以禾本科作物水稻为例。当浙贝母收获后，我们选择播种在9月下旬～10月初成熟的水稻品种（如"中浙优10号""甬优9号""准两优608""沪优2号"等）。单季稻成熟后选择晴天收割，收割后应该及时翻地耕耙，以便下茬浙贝母种植。

四、间作套种栽培技术

近些年来，浙贝母的市场价格波动较大，并且浙贝母倒苗至收割之间有很长的空茬时间段，为了充分利用土地资源、提高药农们的收益，可以采用浙贝母与葡萄间作，在浙贝母倒苗之后种植青毛豆的间作套种栽培技术。此模式充分利用了葡萄架下的土壤资源和浙贝母倒苗至收割之间的空茬资源，达到了一年三种三收的目的，显著提高了药农们的收益。这一栽培模式非常值得推广，其具体做法如下。

首先，根据市场的需求，我们可以选择品质优良的葡萄品种，如"藤稔""夏黑""美人指"等。其次，要适时播种浙贝母，一般在9月中旬至10月上旬播种最佳。在两行葡萄中间作3畦种植浙贝母，使得浙贝母畦面宽150cm、葡萄畦面宽40cm、浙贝母畦间沟宽25cm、浙贝母畦与葡萄畦之间沟宽30cm。最后，在次年5月上旬浙贝母倒苗之后，于5月中旬在浙贝母的畦面上种植青毛豆，青毛豆成熟后可在9月上中旬采收，当青毛豆采收结束后即可采挖浙贝母。

第5章

浙贝母药材质量评价

一、本草考证与道地沿革

1. 本草考证

贝母之中药名，始载于《神农本草经》，味辛，平，列为中品。在《本草经集注》中也曾记载"味辛、苦，平、微寒，无毒"，对其形态的描述为"形似聚贝子"，这基本符合浙贝母的形态特征。

在唐代苏敬的《新修本草》中曾出现过"味辛、苦，平、微寒。叶似大蒜。四月蒜熟时，采良。若十月苗枯，根亦不佳也"的疑似为贝母的药材，根据其产地，可以考虑为贝母属植物湖北贝母或浙贝母。宋代苏颂在《图经本草》中对浙贝母进行了较为详细的记载，涉及其基本形态、生长习性、地理分布等各个方面，为后世进行贝母药材的分类鉴别提供了依据，但是该书中的贝母植株为藤本植物，叶掌状，羽状脉，其形态特点和葫芦科植物假贝母相似，产地上也与浙贝母有一定出入，现已无从考证。

直至明代张介宾的《景岳全书·本草正》（1624年）中首次出现了"土贝母"，经考证即为现在的浙贝母药材，正式将浙贝母与其余类的贝母区分开来，成了一个独立的品种。药材"浙贝母"的正式确立是在清代学者赵学敏的《本草纲目拾遗》中引用《百草镜》才出现的。

2. 道地沿革

贝母在我国应用与研究已有两千余年的历史，首载于秦汉时期《神农本草经》，列为中品，谓："气味辛、平、无毒。主伤寒烦热，淋沥邪气，喉痹，乳难，金创，风痉。一名空草。"但尚志钧等认为该书所记载的贝母应是葫芦科土贝母（*Bolbostemma paniculatum*），而汉末《名医别录》才是最早收载百合科贝母属植物入药的文献："贝母，味苦，微寒，无毒。主治腹中结实，心下满，洗洗恶风寒，目眩项直，咳嗽上气，止烦热渴，出汗，安五脏，利筋骨……生晋地，十月采根，曝干。"陶弘景在《本草经集注》中有记载贝母"出近道"，近道地区指现在江苏南京地区，结合其对贝母形态的基本描述，该药材为现在的浙贝母可能性更大。

唐·苏敬著《新修本草》记载："贝母，其叶如大蒜，四月蒜熟时采……出润州、荆州、襄州者最佳。江南诸州亦有。"其中润州即今江苏镇江。明·倪朱谟撰《本草汇言》记载："贝母，开郁、下气、化痰之药也。润肺消痰，止咳定喘……必以川者为妙。若解痈毒，破癥结，消实痰，敷恶疮，又以土者为佳。然川者味淡性优，土者味苦性劣，二者以区分用。"倪朱谟将浙江本地产的贝母称"土者"，四川产的称"川者"，至此，川、浙贝始以产地冠名划分开来。

在此之前贝母不分种，至明·《本草纲目》仍总称贝母。到清·赵学敏著

《本草纲目拾遗》："浙贝出象山，俗称象贝母，皮糙味苦，独颗无瓣，顶圆心斜。"又引叶暗斋云："宁波象山所出贝母，亦分两瓣。味苦而不甜，其顶平而不尖，不能如川贝之象荷花蕊也。象贝苦寒解毒，利痰开宣肺气，儿肺家挟风火有痰者宜此。"以上所述，川贝、浙贝之形态与现代所用川贝、浙贝完全一样。至此，川贝与浙贝明确分开。

据《浙江旧县志集成》中的《象山县志（中）》记载："贝母乾隆志：邑产之最良者（邑：古时县的别称，指象山县）。道光志：象山出者象贝，异他处……近象产甚少，所用浙贝皆鄞小溪产（小溪：指樟溪河一带，即从鄞江到密岩的皎口水库一带的沿河流域，包括樟村、鄞江等地区）。"道光年间（公元1821～1851年）在鄞州四明山麓樟村、鄞江桥一带贝母大规模种植，成为浙贝母的主产地，由此"象贝"改称"浙贝"。1949年后，主产自浙江鄞州的贝母，被列为浙江八味名贵中药材之一，由原浙江省医药局定名为"浙贝母"。

浙贝母的整个历史演进过程可以概括为从初期同名异物逐渐演变为单一类群的植物，继而又根据功效分为川贝母、浙贝母。目前，浙贝母（*Fritillaria thunbergii*）主要分布于中国，韩国、日本也有少量栽培。浙贝母原产于浙江宁波象山，少有野生，野生资源分布于天目山脉。浙贝母药材主要来源于人工栽培，其主产地分布于浙江和江苏，福建、江西也有少量种植，其中浙江主产地主要有鄞州、磐安、缙云等地，江苏主产地主要有南通、苏州、泰州等地。

目前较为公认的浙贝母迁移的说法是一位宁波象山的农民把野生浙贝母转植到农田，而后浙贝母的种植面积逐渐增大，成了象山一项重要的副产业并且向周边县市发展，此时被称为"象贝母"。而后至清康熙年间，另一人携浙贝母种子移植到鄞州樟村，自此鄞州开始种植浙贝母，加之该地区气候土壤条件非常适合浙贝母的生长，所以浙贝母的种植逐渐取代了原来该地的蚕桑养殖，并成为鄞州樟村的一大特产。同时象山的农民也因种植鸦片而放弃浙贝母的种植，直至绝种。相关文献资料也证实，贝母是清朝康熙年间自象山引入鄞州的，至道光年间大量种植，成为浙贝母主要产地，"象贝"也改称为"浙贝"。

二、药典标准

本品为百合科植物浙贝母*Fritillaria thunbergii* Miq. 的干燥鳞茎。初夏植株枯萎时采挖，洗净。大小分开，大者除去芯芽，习称"大贝"；小者不去芯芽，习称"珠贝"。分别撞擦，除去外皮，拌以煅过的贝壳粉，吸去擦出的浆汁，干燥；或取鳞茎，大小分开，洗净，除去芯芽，趁鲜切成厚片，洗净，干燥，称"浙贝片"。

【性状】 大贝：为鳞茎外层的单瓣鳞叶，略呈新月形，高1～2cm，直径2.0～3.5cm。外表面类白色至淡黄色，内表面白色或淡棕色，被有白色粉末。质硬而脆，易折断，断面白色至黄白色，富粉性。气微，味微苦。

珠贝：为完整的鳞茎，呈扁圆形，高1～1.5cm，直径1～2.5cm。表面类白色，外层鳞叶2瓣，肥厚，略似肾形，互相抱合，内有小鳞叶2～3枚和干缩的残茎。

浙贝片：为鳞茎外层的单瓣鳞叶切成的片。椭圆形或类圆形，直径1～2cm，边缘表面淡黄色，切面平坦，粉白色。质脆，易折断，断面粉白色，富粉性。

【鉴别】（1）本品粉末淡黄白色。淀粉粒甚多，单粒卵形、广卵形或椭圆形，直径6～56μm，层纹不明显。表皮细胞类多角形或长方形，垂周壁连珠状增厚；气孔少见，副卫细胞4～5个。草酸钙结晶少见，细小，多呈颗粒状，有的呈梭形、方形或细杆状。导管多为螺纹，直径至18μm。

（2）取本品粉末5g，加浓氨试液2ml与三氯甲烷20ml，放置过夜，滤过，取滤液8ml，蒸干，残渣加三氯甲烷1ml使溶解，作为供试品溶液。另取贝母素甲对照品、贝母素乙对照品，加三氯甲烷制成每1ml各含2mg的混合溶液，作为对照品溶液。照薄层色谱法（通则0502）试验，吸取供试品溶液10～20μl、对照品溶液10μl，分别点于同一硅胶G薄层板上，以乙酸乙酯-甲醇-浓氨试液（17：2：1）为展开剂，展开，取出，晾干，喷以稀碘化铋钾试液。供试品色谱中，在与对照品色谱相应的位置上，显相同颜色的斑点。

【检查】 水分：不得超过18.0%（通则0832第二法）。

总灰分：不得超过6.0%（通则2302）。

【浸出物】 照醇溶性浸出物测定法（通则2201）项下的热浸法测定，用稀乙醇作溶剂，不得少于8.0%。

【含量测定】 照高效液相色谱法（通则0512）测定。

色谱条件与系统适用性试验：以十八烷基硅烷键合硅胶为填充剂；以乙腈–水–二乙胺（70：30：0.03）为流动相；蒸发光散射检测器检测。理论板数按贝母素甲峰计算应不低于2000。

对照品溶液的制备：取贝母素甲对照品、贝母素乙对照品适量，精密称定，加甲醇制成每1ml含贝母素甲0.2mg、贝母素乙0.15mg混合溶液，即得。

供试品溶液的制备：取本品粉末（过四号筛）约2g，精密称定，置烧瓶中，加浓氨试液4ml浸润1小时，精密加入三氯甲烷–甲醇（4：1）的混合溶液40ml，称定重量，混匀，置80℃水浴中加热回流2小时，放冷，再称定重量，加上述混合溶液补足减失的重量，滤过。精密量取续滤液10ml，置蒸发皿中蒸干，残渣加甲醇使溶解并转移至2ml量瓶中，加甲醇至刻度，摇匀，即得。

测定法：分别精密吸取对照品溶液10μl、20μl，供试品溶液5～15μl，注入液相色谱仪，测定，用外标两点法对数方程分别计算贝母素甲、贝母素乙的含

量，即得。

本品按干燥品计算，含贝母素甲（$C_{27}H_{45}NO_3$）和贝母素乙（$C_{27}H_{43}NO_3$）的总量，不得少于0.080%。

饮片

【炮制】 除去杂质，洗净，润透，切厚片，干燥；或打成碎块。

【性味与归经】 苦，寒。归肺、心经。

【功能与主治】 清热化痰止咳，解毒散结消痈。用于风热咳嗽，痰火咳嗽，肺痈，乳痈，瘰疬，疮毒。

【用法与用量】 5～10 g。

【注意】 不宜与川乌、制川乌、草乌、制草乌、附子同用。

【贮藏】 置干燥处，防蛀。

三、质量评价

1949年以前，国内市场上对药材的等级划分相当细，如浙贝母、白术、麦冬等分了六七个等级，1958年后，药材公司对药材等级规格做了简化改革，使得原有等级减少了一半。

1984年，中药材市场开放，国家医药管理局和卫生部颁发了《76种药材商品规格标准》，其中浙贝母分级方法只列了元宝贝和珠贝两种规格，但无等级划分，且主要根据浙贝母的外观形态进行划分，并无量化指标的体现。规格标准如下：

（1）元宝贝规格标准：统货。干货。为鳞茎外层的单瓣片，呈半圆形。表面白色或黄白色。质坚实。断面粉白色。味甘微苦，无僵个、杂质、虫蛀、霉变。

（2）珠贝规格标准：统货。干货。为完整的鳞茎，呈扁圆形。断面白色或黄白色。质坚实断面粉白色。味甘微苦。大小不分，间有松块、僵个、次贝。无杂质、虫蛀、霉变。

2000年，浙贝片也收入《中国药典》。

2015年，将浙贝母规格分大贝、珠贝和浙贝片3种，详见本章药典标准部分。

综上，浙贝母主要以产于浙江、江苏等地为好。质量评价方面，以传统分级指标"长宽/直径、杂质、均匀度"等进行量化，结合现代科学技术中的内在质量指标（醇溶性浸出物、贝母辛、贝母素甲、贝母素乙）进行评价，为制定浙贝母商品规格等级标准提供了依据。

2018年，中华中医药学会起草了浙贝母中药材商品规格等级的团体标准。浙贝母商品规格等级划分见表5-1。

表5-1 浙贝母规格等级划分

规格	等级	性状描述	
		共同点	区别点
浙贝片（图5-1）	特级	干货，鳞茎外层的单瓣鳞叶切成的片，椭圆形或类圆形。边缘表面淡黄色或淡黄白色。质脆，易折断，断面粉白色或类白色，富粉性。无僵个、无虫蛀、无霉变。气微，味微苦	直径≥3.0cm；均匀度≥90%；边缘表面淡黄白色，断面粉白色
	一级		直径在2.5～3.0cm；均匀度在75%～90%；边缘表面淡黄白色至淡黄色，断面粉白色至类白色
	二级		直径在2.0～2.5cm；均匀度在60%～75%；边缘表面淡黄白色至淡黄色，断面粉白色至类白色
	统货		直径≤2.0cm；均匀度≤60%；边缘表面淡黄色，断面类白色
珠贝（图5-2）	特级	完整的鳞茎，扁圆形。表面类白色、淡黄白色，外层鳞叶2瓣，肥厚，略似肾形，互相抱合，内有小鳞叶2～3枚和干缩的残茎。无僵个、无虫蛀、无霉变。气微，味微苦	直径≥3.0cm；均匀度≥90%；表面类白色
	一级		直径在2.5～3.0cm；均匀度在75%～90%；表面类白色至淡黄白色
	二级		直径在2.0～2.5cm；均匀度在60%～75%；表面类白色至淡黄白色
	统货		直径≤2.0cm；均匀度≤60%；表面淡黄白色

注：1. 药典将浙贝母分为大贝、珠贝和浙贝片三类，当前药材市场主要以珠贝和浙贝片划分，大贝罕见。浙贝母规格主要按照大小进行划分，个头越大，等级越高。本次指定标准对宽/直径、杂质、均匀度进行了量化限制

2. 市场上浙贝母分产地规格，有浙江产、江苏产、福建产等，浙江产占主流，药材稍粗壮，性状特征无显著区别。江苏南通亦是重要产区，浙江种苗基本来自江苏南通

3. 浙贝母常见混淆品有皖贝母和湖北贝母，应注意区分。皖贝母，多瓣，大小悬殊，顶端闭合，底部突出；湖北贝母，两瓣，大小相近，相互抱合，顶端开口或闭合，底部突出或凹陷

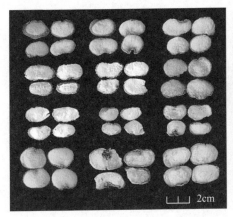

A-特级　B-一级　C-二级　D-统货

图5-1　浙贝片药材规格等级性状图

A-特级　B-一级　C-二级　D-统货

图5-2　珠贝药材规格等级性状图

市场上的浙贝母药材见图5-3～图5-10。

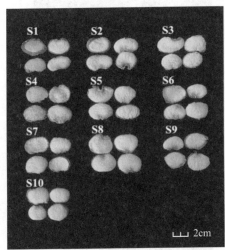

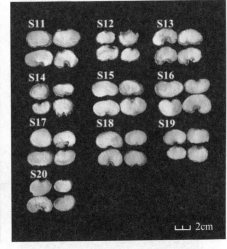

图5-3　生晒浙贝片

图5-4　无硫浙贝片

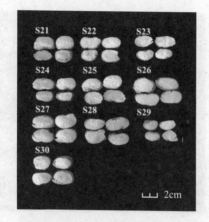

图5-5 硫熏浙贝片

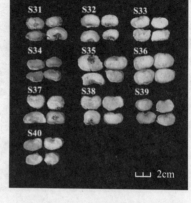

图5-6 贝壳灰浙贝片

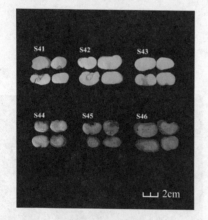

图5-7 生晒浙贝片

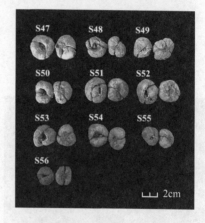

图5-8 无硫浙贝片

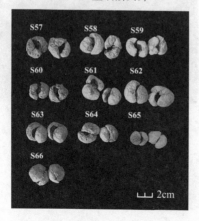

图5-9 硫熏浙贝片

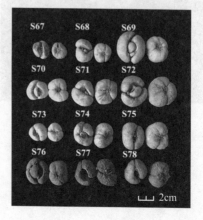

图5-10 贝壳灰浙贝片

第6章

浙贝母现代研究
与应用

一、化学成分

浙贝母的化学成分主要分为两大类：生物碱类和非生物碱类，还有一些微量元素。生物碱类成分是其主要的药用活性成分，不同产地的浙贝母所含生物碱类成分有所差异，其中磐安（0.53%）、缙云（0.52%）、象山（0.52%）产区浙贝母总生物碱含量较高，东阳（0.44%）居中，鄞州（0.41%）、舟山（0.38%）产区浙贝母总生物碱含量则低于其他产区。

1. 生物碱类

浙贝母中的生物碱类成分是目前研究报道最多的一类成分。贝母属生物碱母核骨架为27个碳原子，构成五元、六元碳环或杂环。根据其结构类型可分为两大类：异甾体类生物碱和甾体类生物碱，作为药用的鳞茎则主要含异甾体类生物碱。现代药理学研究证明，贝母中异甾体类生物碱不仅具有显著的止咳作用，而且还有其他多方面的药理活性。目前研究所知，浙贝母中所含的生物碱类物质较多。鳞茎中含有浙贝母碱（verticine）即浙贝甲素（peimine）、去氢浙贝母碱（verticinone）即浙贝乙素（peiminine）、浙贝宁（zhebeinine）、浙贝丙素（zhebeirine）、鄂贝乙素（eduardine）、浙贝酮（zhebeinone）、贝母辛碱（peimisine）、异浙贝母碱（isoverticine）、浙贝母碱–*N*–氧化物（verticine–*N*–oxide）、去氢浙贝母碱–*N*–氧化物（verticinone–

N-oxide）、11-脱氧-6-氧代-5*α*，6-二氢芥芬胺（11-deoxo-6-oxo-5*α*,6-

dihydrojervine）、12，13-环氧-11-去氧-6-氧代-5*α*, 6-二氢-*N*, *O*-二乙酰基芥

芬胺（12, 13-epoxy-11-deoxo-6-oxo-5*α*, 6-dihydrojervine *N*, *O*-diacetate）、

3*β*, 17, 23*α*-三羟-6-氧-*N*, *O*（3）-二乙酰基-12, 13-环氧22s, 25s, 5*α*-藜

芦碱〔12，13-epoxy-22s, 25s, 5*α*-veratramine-3*β*, 17, 23*α*-triol-6-one *N*,

O（3）diacetate〕及胆碱（choline）等。地上部分的生物碱：贝母尼定碱

（baimonidine）、异贝母尼定碱（isobaimonidine）、浙贝母碱、去氢浙贝母碱、

茄啶3-*O*-*α*-L-吡喃鼠李糖基-（1→2）-*β*-D-吡喃葡萄糖苷（solanidine-3-

O-*α*-L-rhamnopyranosyl-（1→2）-*β*-D-glucopyranoside）即*β*1-查茄碱（*β*1-

chaconine）、茄啶3-*O*-*α*-L-吡喃鼠李糖基-（1→2）-〔*β*-D-吡喃葡萄糖基

（1→4）〕-*β*-D-吡喃葡萄糖苷。见表6-1。

表6-1　浙贝母中主要生物碱

生物碱中文名称	英文名称	结构式/分子式
贝母素甲 （又称浙贝母碱、浙贝甲素）	Peimine	

续表

生物碱中文名称	英文名称	结构式/分子式
贝母素乙 （又称去氢浙贝母碱、浙贝乙素）	Peiminine	
浙贝宁	Zhebeinine	$C_{27}H_{45}NO_3$
浙贝丙素	Zhebeirine	$C_{27}H_{43}NO_2$
鄂贝乙素	Ebeinone	$C_{27}H_{43}NO_2$
浙贝酮	Zhebeinone	$C_{27}H_{43}NO_3$

2. 非生物碱类

贝母中非生物碱类成分主要有萜类、甾体、脂肪酸、嘌呤、嘧啶等，其中萜类化合物在贝母属植物中分布最为广泛。浙贝母中非生物碱成分有浙贝母碱苷（peiminoside）、浙贝宁苷（zhebeininoside）、贝母醇（propeimine）、β-谷甾醇（β-sitosterol）、胡萝卜素（carotene）、苦鬼臼毒素（picrpodophyllotoxin）；多种二萜类化合物：反式-半日花三烯醇（communol）、反式-半日花三烯酸甲酯（communic acid methylester）、19-异海松醇（isopimaran-19-ol）、19-异海松酸甲酯（isopimaran-19-oic acid methylester）、对映-16β-17-贝壳松二醇（ent-kauran-16β，17-diol）、对映-16β，17-环氧贝壳松烷（ent-16β，17-epoxykaurane）、对映-16α-甲氧基-17-贝壳松醇（ent-16α-methoxy-kauran-

17–ol）、对映–15–贝壳松烯–17–醇（ent–kaur–15–en–17–ol）、对映–16α, 17–贝

壳松二醇（ent–kauran–16α, 17–diol）；脂肪酸：消旋–13–羟基–9Z, 11E–十八

碳二烯酸（13–hydroxy–9Z, 11E–octadecadienoic acid）等。

3. 微量元素

目前所知，浙贝母中除含有丰富的Ca、Mg、K、Na等8种宏量元素外，还

含有多种人体必需的微量元素，其中Fe、Zn的含量较高。这些元素有可能协助

浙贝母的有效成分发挥药效，但两者之间的关系还有待进一步的研究。已有研

究证实，通过浙贝母中微量元素的含量分布，可以鉴别贝母的品种，这对中药

的鉴定提供了一条新思路，具有理论意义和实际价值。

二、药理作用

浙贝母是百合科贝母属植物，其药用部位为鳞茎。中医认为其苦、寒，归

肺、心经，具有清热散结、化痰止咳的功效，主治风热犯肺、痰火咳嗽、肺

痈、乳痈、瘰疬和疮毒。现代药理研究表明，浙贝母具有镇咳祛痰、镇痛抗

炎、抗溃疡、抗肿瘤等多种药理活性。其中，浙贝母较强的抗幽门螺杆菌、抗

溃疡和镇痛抗炎作用大大促进了其在中医临床上治疗胃炎、胃溃疡和十二指肠

溃疡中的应用。还有重要的一点就是，浙贝母的抗肿瘤及逆转肿瘤细胞耐药的

作用为中医治疗癌症拓展了一条新道路。

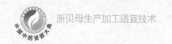

1. 抗溃疡作用

从浙贝母中提取的75%乙醇提取物具有显著的抗胃溃疡作用。有研究以小鼠为实验对象做过实验，给小鼠以灌胃形式分别给予浙贝母生药75%乙醇提取物0.8g/kg和2.4g/kg。结果发现，给药后两组小鼠对水浸应激性溃疡形成的抑制率分别为47.4%和70.2%；对盐酸性溃疡形成的抑制率分别为34.0%和50.9%；对吲哚美辛–乙醇性溃疡形成的抑制率分别为7.2%和39.3%。此实验证实了浙贝母提取物具有抗溃疡作用。

2. 镇痛作用

已有药理实验表明，浙贝母75%乙醇提取物能抑制乙酸致小鼠扭体反应及热痛刺激引起的甩尾反应，显示其较强的镇痛作用。也有人用小鼠醋酸扭体和热板法2种实验模型，研究贝母素乙的镇痛作用，结果证实其具有很好的镇痛效果，而且不易成瘾和产生依赖。

3. 镇咳祛痰作用

浙贝母临床用于镇咳祛痰由来已久，从20世纪中叶已经开始有人用现代方法来研究此作用了。已有药理实验表明，浙贝母中的主要生物碱贝母素甲及贝母素乙，对小鼠氢氧化铵引咳、豚鼠机械刺激引咳、电刺激猫喉上神经引咳，均具有镇咳和中枢抑制作用。

4. 改善肺功能

浙贝母提取物贝母素乙可用于观察大鼠COPD模型，可以改善慢性阻塞性肺病大鼠的肺功能，其机制可能与降低PBMC IL-8mRNA的表达有关。另一研究表明，用贝母素乙作用于放射性肺损伤的大鼠，发现它可以减轻肺泡炎和肺水肿程度，可能通过调节AQP-1、AQP-5mRNA表达，提高AQP-1、AQP-5水平而实现。这些实验均证实了浙贝母具有改善肺功能的药理作用。

5. 抗炎作用

浙贝母醇提取物具有显著的抗炎作用。有人用小鼠做过实验，通过对小鼠以灌胃形式给予浙贝母生药75%乙醇提取物0.8g/kg和2.4g/kg。结果显示两组小鼠对二甲苯所致的小鼠耳肿厚度的4小时平均抑制率分别为27.7%和25.9%，对角叉菜胶所致的小鼠足跖肿胀厚度的4小时平均抑制率分别为17.4%和22.7%，其中生药2.4g/kg组的抗炎作用持续6小时以上，对乙酸提高小鼠腹腔毛细血管通透性的抑制率分别为40.0%和41.5%。此实验证明了浙贝母具有较强的抗急性渗出性炎性反应的作用。除此之外，也有研究发现浙贝母提取物对慢性非细菌性前列腺炎有抑制作用。但体外研究浙贝母精油对金黄色葡萄球菌和大肠杆菌均无抑制效果，只对白色念珠菌有中等抑制作用。还有以大鼠模型进行贝母素乙治疗卡氏肺孢子肺炎的实验研究表明，贝母素乙对肺孢子虫发育具有抑制作用而且比黄芪疗效更好。这一发现有望用于卡氏肺孢子肺炎的临床治疗。

6. 抗腹泻作用

浙贝母具有抗腹泻作用。有人曾以2种腹泻为模型（蓖麻油引起的小肠炎性反应腹泻，番泻叶引起的大肠炎性反应腹泻）研究浙贝母醇提取物是否具有抗腹泻作用，结果表明浙贝母醇提取物对2种腹泻均有抑制作用，其中对蓖麻油所致的小肠性腹泻作用更强，对大肠反应性腹泻作用相对较弱，这可能与小肠吸收醇提取物、大肠内药量不足有关。

7. 抗氧化作用

浙贝母具有抗氧化作用。有研究在提纯浙贝母多糖时发现，其清除DPPH自由基能力并不明显，但还原和清除羟基自由基能力较强。说明浙贝母多糖具有抗氧化活性，推测其作用机制可能与直接清除自由基及参与调动或激活机体内源性抗氧化剂有关。文献中还报道贝母多糖有抗衰老作用。

8. 对细胞增殖

浙贝母是临床上治疗瘰疬的主药之一。有研究以甲状腺功能亢进的大鼠为模型，用浙贝母生药提取物进行灌胃，结果发现给予浙贝母生药提取物的大鼠体内的三碘甲状腺素原氨酸、四碘甲状腺素原氨酸、环磷酸腺苷浓度显著降低，显示出抗甲亢作用。体外实验表明，贝母素甲能够抑制甲状腺相关眼病中眼眶成纤维细胞的增殖，治疗甲状腺相关眼病，其作用机制可能与抑制细胞增生、下调ICAM-1有关。另外，浙贝母对恶性细胞增殖也有一定抑制作用。浙贝母水煎液在75mg/ml剂量作用48小时，有增加小鼠体内Lewis细胞凋亡的作用，说明浙贝母对Lewis肺癌有抑瘤作用。体外实验证明，贝母素甲能够抑制耐三苯氧胺人乳腺癌MCF-7/TAM细胞增殖，可能与细胞周期阻滞于G1期，诱导细胞凋亡有关。贝母素甲及贝母素乙对4T1炎性乳腺癌细胞及诱导产生的乳腺癌干细胞均有抑制增殖的作用，并对炎性微环境起到调节作用。

9. 抗菌作用

有实验证明，浙贝母水提物和醇提物对幽门螺杆菌有抑制作用，其最低抑菌浓度（MIC）约为60μg/ml。可是贝母素甲和贝母素乙抗菌作用很弱，贝母素甲对卡他球菌、金黄色葡萄球菌、大肠杆菌和克雷伯肺炎杆菌的MIC均为2mg/ml，而贝母素乙对前两种细菌的MIC也为2mg/ml，对后两种细菌的MIC则＞2mg/ml。0.1mg/ml的贝母素甲对真菌啤酒酵母突变型GL7和威克海姆原藻的抑制率分别为27.4%和29.6%，而贝母素乙则分别为25.9%和17.9%。证实了浙贝母具有抗菌作用这一点。

10. 逆转耐药作用

典型的多药耐药机制主要是通过ATP为细胞提供能量，使细胞内带正电荷的亲脂类化疗药物逆浓度梯度泵至细胞外，使细胞内药物浓度下降，细胞毒作用降低或完全丧失，导致细胞产生耐药。P-糖蛋白具有能量依赖性"药泵"功能，是细胞产生多药耐药的分子基础。多药耐药的细胞往往会产生凋亡抗性，

抗凋亡作用增强也是多药耐药性机制中比较重要的一种。中医理论结合临床实践发现，恶性肿瘤早期多见痰、瘀等临床表现，因此选用化痰散结功效显著的浙贝母可改善痰浊环境，尝试逆转耐药，取得很好的疗效。

（1）急性白血病　已有试验证实，贝母素甲在体外具有逆转肿瘤细胞多药耐药的药理活性。这是世界上首次发现能够逆转肿瘤细胞耐药的甾类生物碱。该实验以2种不同机制的多药耐药细胞株为实验对象（以P-糖蛋白升高为主要机制的K562/A02细胞，以及以多药耐药相关蛋白MRP表达升高为主要机制的HL-60/Adr细胞），以阿霉素和柔红霉素为化疗药物，体外MTT实验结果表明，浙贝母碱对K562/A02细胞和HL-60/Adr细胞逆转阿霉素耐药倍数分别为5.7、5.8倍。流式细胞检测结果显示，浙贝母碱能够增加柔红霉素在K562/A02细胞内的蓄积，又能抑制耐药蛋白P-糖蛋白的表达，使部分细胞耐药得到纠正。说明浙贝母至少能作用于2种机制不同的多药耐药细胞，作用原理可能与增加耐药细胞中抗癌药物浓度、抑制耐药P-糖蛋白表达有关。另外还发现贝母素乙同样具有逆转耐药的作用。同时，还开展了浙贝母中药粉剂联合化疗方案的临床研究。通过对90例急性白血病患者进行对比观察，发现浙贝母粉联合常规化疗能够降低P-糖蛋白表达，提高疑难及复发病理的临床缓解率。根据上述研究成果，结合传统中医理论，配制复方浙贝颗粒，通过随机双盲对照临床实验，对难治性白血病具有较好的疗效，不良反应少，使用安全。

（2）胃癌　从浙贝母中提取的贝母素甲及贝母素乙，均可抑制多药耐药胃癌细胞SGC-7901/VCR的增殖。已有体外研究显示贝母素乙能显著提高对SGC-7901/VCR细胞对阿霉素的敏感性及细胞内阿霉素浓度，降低P-糖蛋白表达。贝母素乙联合5-氟尿嘧啶化疗，能够诱导细胞凋亡。体内试验应用胃癌耐药SGC7901/VCR细胞株裸鼠皮下移植瘤模型，贝母素乙可增强胃癌耐药细胞移植瘤对阿霉素的敏感性，显著抑制胃癌耐药移植瘤的生长。其机制可能与调低肿瘤组织中P-糖蛋白表达和升高Cleaved Caspase-3的表达相关。

（3）肺癌　浙贝母总生物碱在体内和体外对人肺腺癌A549/顺铂（DDP）细胞的耐药性具有逆转作用。已有实验证实，浙贝母总生物碱可以提高A549/DDP耐药逆转倍数及抑瘤率，明显高于顺铂单独作用，其逆转耐药机制可能与下调MDR1 mRNA和P-糖蛋白表达有关。

（4）乳腺癌　有研究以阿霉素诱导多药耐药人乳腺癌细胞株MCF-7/ADR为研究对象，结果发现贝母素甲及贝母素乙均可以逆转耐药，其逆转倍数在5倍以上，证实了浙贝母提取物具有逆转乳腺癌细胞的耐药作用。

（5）逆转细菌耐药　浙贝母生物碱贝母素甲对耐药金黄色葡萄球菌有逆转作用，主要通过抑制细菌细胞膜上主动外排泵、增加耐药金黄色葡萄球菌内抗生素的蓄积浓度实现。又对耐环丙沙星的金黄色葡萄球菌感染的60例慢性支气管炎急发的患者进行临床观察和细菌学检查，发现浙贝母在体外并无直接抑菌

功能，但在体内却发挥了逆转耐药菌耐药的作用。其逆转作用主要通过调节免疫力、提高耐药菌敏感性而实现。贝母素甲与多种抗生素合用研究显示，贝母素甲对多重抗生素耐药菌株均有对合用抗生素协同增效作用，仅大环内酯类如红霉素无效。耐药均涉及外排机制，考虑贝母甲素的逆转耐药机制与抑制外排相关程度，探讨其机制认为，红霉素耐药机制以灭活为主，与外排关系不密切。后来进行的体内实验显示，贝母素乙联合氨苄西林舒巴坦，用于败血症感染大鼠模型，静脉注射后，抗菌作用明显优于抗生素单独使用，这与贝母素乙逆转细菌耐药有关。

11. 其他

有学者用家兔进行贝母素甲的药动学研究，贝母素甲灌胃后体内生物利用度低，考虑可能与药物水溶性差、吸收不完全或胃肠道代谢及外排泵机制等相关。对浙贝母碱的分子结构进行研究，认为其可以选择性作用于DNA G–四链体沟槽位点，有望成为新型端粒靶点抗癌药物。

三、应用

浙贝母为百合科贝母属植物，为一种常用中药，它的主要功效是清热化痰、散结解毒，可用于治疗风热咳嗽、肺痈喉痹、瘰疬、疮疡肿毒等症。

1. 风热咳嗽

浙贝母能开宣肺气，清肺化痰，桑叶疏散风热，两者配伍可治疗风热咳嗽，咳嗽有痰者。

2. 瘰疬

浙贝母善于泄热化痰，开郁散结，可与清热散结的中药（如玄参或海藻）配伍，两者合用化痰散结效果增强，可用于治疗瘰疬。

3. 痈疮肿毒

浙贝母开郁散结，又能解毒消痈，连翘善于清热解毒，消痈散结。配用则加强了清热解毒之功效，可用于治疗痈疮肿毒，内服外敷均可。

4. 肺痈吐脓血

浙贝母化痰润肺降气，善开郁结，金荞麦清热解毒，化痰排脓，两者合用化痰降气，清热排脓，多用其治疗肺痈吐脓血。

5. 反流性食管炎

有研究表明，以浙贝母为主组方，可治疗肝胆郁热、痰浊内扰型的胆汁反流性胃炎，治疗效果良好。其处方具体如下：浙贝母15g，连翘10g，蒲公英15g，郁金20g，半夏10g，炒枳实10g，炒白术10g，砂仁10g（后下），茯苓20g，甘草3g。

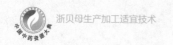

6. 浅表性胃炎

浙贝母具有抗溃疡抗炎作用，可用于治疗慢性浅表性胃炎，收效较好。其配方如下：浙贝母15g，黄连6g，白术9g，党参9g，白花蛇舌草9g，焦栀子6g，用水煎服。

7. 肺虚久咳

浙贝母苦寒较重，开泄力大，清火散结作用较强，常与桑叶、牛蒡子、前胡、杏仁等宣肺祛痰药同用治疗痰火郁结的咳嗽等证。

8. 消化性溃疡

有研究证实，浙贝母具有抗溃疡的药理作用，又有清热化痰、开郁消肿的功效，海螵蛸有抑酸止痛的功效。两者配伍效果更佳，所以用以浙贝母、海螵蛸为主的乌贝散、贝母丸治疗消化性溃疡，可以得到良好的效果。

9. 前列腺肥大

有临床报道称，以浙贝母、党参等药方，用水煎服，可部分缓解前列腺肥大所致的排尿困难或急性尿潴留。其机制可能与浙贝母具有较强的化痰散结、消肿通关功能有关。

10. 腮腺炎

曾有人用浙贝母与大黄、吴茱萸、胆南星等药配伍，共研为细末，用醋调敷脚心，共治疗腮腺炎患儿100余例，实验结果表明大部分患者在1～3天内痊愈。

11. 其他

有研究发现，浙贝母可用于治疗脂肪肝。脂肪肝病机为痰浊蕴结肝脉，浙贝母化痰散结，肝脉通利，易于疏泄，所以可以治疗。浙贝母清热化痰，融精化液，也可治疗精液不化者及睾丸炎、附睾炎等。另外，浙贝母还可用于治疗硬结性痤疮，中医认为，痤疮为肺风粉刺，为肺胃热盛，蒸郁肌肤而发，浙贝母外敷，清热解毒，散结消肿敛疮。

参考文献

［1］国家药典委员会. 中华人民共和国药典［M］. 一部. 北京：化学工业出版社，2015:172.

［2］钟赣生. 中药学［M］. 北京：中国中医药出版社，2012.

［3］张贵君. 中药商品学［M］. 第2版. 北京：人民卫生出版社，2008:174.

［4］中国科学院中国植物志编辑委员会. 中国植物志［M］. 北京：科学出版社，1990.

［5］中国药材公司. 中国中药资源志要［M］. 科学出版社，1994.

［6］彭成. 中华道地药材［M］. 中国中医药出版社，2011.

［7］谢宗万. 中药材品种论述［J］. 1984.

［8］尹尚军，沈秋，王卓琼，等. 不同产地和品种对浙贝母生物碱含量的影响［J］. 江苏农业科学，2011,（03）：321-324.

［9］朱晓丹，安超，李泉旺，等. 中药浙贝母药用源流及发展概况［J］. 世界中医药，2017,（01）：211-216,221.

［10］张明发，沈雅琴. 浙贝母药理研究进展［J］. 上海医药，2007,（10）：459-461.

［11］李华珍. 浙贝母药材道地性迁移的原因调查［J］. 中国中医药信息杂志，2006,（08）：37.

［12］杜伟锋，贾永强，张焱新，等. Hplc-elsd法同时测定浙贝母饮片硫熏前后3种有效成分的含量［J］. 药物分析杂志，2015,（04）：675-678.

［13］陈天德，金天寿，倪顺尧，等. 浙贝母最佳氮、磷、钾施肥量初探［J］. 浙江农业科学，2009,（02）：308-310.

［14］沈华，宋永飞，施晓晖，等. "葡萄+浙贝母-青毛豆"高效种植模式及配套栽培技术［J］. 上海农业科技，2015,（06）：161-162.

［15］温作星. 浙贝母-甜玉米轮作种植技术［J］. 上海农业科技，2014,（06）：146.

［16］郑小东，金再欣，刘小丽，等. 浙贝母优质高产栽培技术［J］. 安徽农学通报，2008,（18）：174-175.

［17］姜娟萍，孔海民，张晓明，等. 不同栽培方式对浙贝母产量品质的影响［J］. 中国现代中药，2016,（04）：469-471.

［18］虞和平，吴祖建. 浙贝母连茬连作和休耕栽培试验研究［J］. 现代农业科技，2017,（04）：45-48.

［19］周奶弟，曾孝元，应林友，等. 仙居县"贝母-单季稻"轮作模式及栽培技术［J］. 上海农业科技，2014,（06）：142-144.

［20］童志远，颜晓燕. 贝母化学成分及质量控制方法研究进展［J］. 西南军医，2009,（02）：260-261.

［21］姚德中,闵会,何厚洪,等. 不同产地浙贝母总生物碱含量测定与比较［J］. 中国现代应用药学,2014,（10）:1249-1251.

［22］钱伯初,许衡钧. 浙贝母碱和去氢浙贝母碱的镇咳镇静作用［J］. 药学学报,1985,（04）:306-308.

［23］夏金鑫,韩蕾,周晓辉,等. 浙贝母对免疫原性慢性非细菌性前列腺炎的作用［J］. 中华中医药学刊,2011,（05）:1023-1025.

［24］曹跃芬,竺锡武,谭琳. 浙贝母精油化学成分GC-MS分析和抑菌活性检测［J］. 浙江理工大学学报,2012,（01）:129-132.

［25］马文华. 浙贝母多糖体外抗氧化活性的研究［J］. 中华中医药学刊,2014,（05）:1191-1193.

［26］丁保金,金丽琴,吕建新. 多糖的生物活性研究进展［J］. 中国药学杂志,2004,（08）:5-8.

［27］杨庆,聂淑琴,翁小刚,等. 乌头、贝母单用及配伍应用体内、外抗肿瘤作用的实验研究［J］. 中国实验方剂学杂志,2005,（04）:25-28.

［28］张玉人. 扶正祛毒方及其单体成分贝母素经干预乳腺癌干细胞所诱导上皮—间质转化防治乳腺癌转移的机制研究［D］. 北京中医药大学,2014.

［29］Li Y, Xu C, Zhang Q, et al. In vitro anti-helicobacter pylori action of 30 chinese herbal medicines used to treat ulcer diseases［J］. J Ethnopharmacol, 2005, 98（3）:329-333.

［30］王理达,胡迎庆,屠鹏飞,等. 13种生药提取物及化学成分的抗真菌活性筛选［J］. 中草药,2001,（03）:51-54.

［31］Larsen A K, Escargueil A E, Skladanowski A. Resistance mechanisms associated with altered intracellular distribution of anticancer agents［J］. Pharmacology & Therapeutics, 2000, 85（3）:217-229.

［32］Brown J M, Attardi L D. The role of apoptosis in cancer development and treatment response［J］. Nature Reviews Cancer, 2005, 5（3）:231-237.

［33］胡凯文,郑洪霞,齐静,等. 浙贝母碱逆转白血病细胞多药耐药的研究［J］. 中华血液学杂志,1999,（12）:33-34.

［34］叶霈智. 浙贝母颗粒逆转急性白血病多药耐药临床研究［D］. 北京中医药大学,2006.

［35］顾政一,张裴,聂勇战,等. 5种生物碱胃癌多药耐药逆转剂的筛选及机制研究［J］. 中草药,2012,（06）:1151-1156.

［36］王云飞,顾政一,聂勇战,等. 贝母素乙增强阿霉素对胃癌多药耐药裸鼠移植瘤的抑制作用及其机制研究［J］. 中草药,2014,（05）:686-690.

［37］李泽慧,安超,胡凯文,等. 浙贝母总生物碱对人肺腺癌a549/顺铂细胞耐药性的逆转作用［J］. 中国药理学与毒理学杂志,2013,（03）:315-320.

［38］李全,胡凯文,陈信义,等. 浙贝母对呼吸系统耐药金黄色葡萄球菌逆转作用的临床研究［J］.

北京中医药大学学报, 2001,（05）: 51–52.

［39］王嵩, 孙颖立, 胡凯文. 贝母甲素联合抗生素抑制多重抗生素耐药菌的实验研究［J］. 中国中西医结合杂志, 2003,（S1）: 208–211.

［40］王耘, 胡凯文, 安超. 贝母素乙联合氨苄西林舒巴坦抗耐药菌感染的体内实验研究［J］. 中华中医药杂志, 2010,（12）: 2010–2013.

［41］刘丽丽, 陈丽华, 朱卫丰, 等. 贝母素甲在家兔体内的药动学［J］. 中国医药工业杂志, 2011,（12）: 914–916.